高等职业教育机电类专业新形态教材

机器视觉系统编程与开发

主　编　李长春　黄华栋
副主编　胡　炜　梁冬泰　刘旭东
参　编　王春生　薛迎春　崔　勇
　　　　丁云鹏　徐　黎
主　审　戴国洪

机械工业出版社

机器视觉技术作为当前科技领域热门的技术，在各行业中作用越发凸显，预计未来将会起到更重要的作用。Halcon 软件作为一个高效且稳定的机器视觉算法库，市场利用率高，在机器视觉领域中有广泛应用，许多机器视觉系统都基于该软件进行开发。本书全面且系统地介绍了 Halcon 软件在视觉系统编程中的应用，并结合实际案例，帮助读者全面而深入地理解 Halcon 软件在工程项目中的应用方法及开发流程，从而提高他们的开发能力和实战经验。

本书内容简明扼要，语言通俗易懂，可作为工科院校机械、电子、机电、计算机等专业的学生学习 Halcon 软件的入门教材，也可以作为工程技术人员或科研人员了解 Halcon 软件编程的参考用书，还可以用作各专业培训机构的机器视觉培训教材。

图书在版编目（CIP）数据

机器视觉系统编程与开发 / 李长春，黄华栋主编. 北京：机械工业出版社，2025.4. -- （高等职业教育机电类专业新形态教材）. -- ISBN 978-7-111-77611-6

I. TP302.7

中国国家版本馆 CIP 数据核字第 20254773X1 号

机械工业出版社（北京市百万庄大街 22 号　邮政编码 100037）
策划编辑：王英杰　　　　责任编辑：王英杰　赵晓峰
责任校对：樊钟英　李小宝　封面设计：张　静
责任印制：张　博
北京雁林吉兆印刷有限公司印刷
2025 年 4 月第 1 版第 1 次印刷
184mm×260mm · 14.75 印张 · 369 千字
标准书号：ISBN 978-7-111-77611-6
定价：48.00 元

电话服务　　　　　　　　网络服务
客服电话：010-88361066　机　工　官　网：www.cmpbook.com
　　　　　010-88379833　机　工　官　博：weibo.com/cmp1952
　　　　　010-68326294　金　书　网：www.golden-book.com
封底无防伪标均为盗版　　机工教育服务网：www.cmpedu.com

前　言

机器视觉是一项融合了图像处理算法、机械工程技术、控制学、电光源技术、光学成像技术、传感器技术、模拟与数字视频技术、计算机软硬件技术的综合技术。机器视觉系统的特点是提高生产的灵活性和自动化水平。在一些对人工作业构成危险的工作环境或者人工视觉难以满足要求的场合，常用机器视觉替代人工视觉。同时，在大规模重复性的工业生产中，采用机器视觉检测方法能显著提高生产率和自动化程度。随着制造业的智能化转型升级不断深入，机器视觉技术在智能制造领域中的作用越发重要，它能为智能机器提供信息输入，为机器学习进行前期信息采集，使得智能制造成为现实。

随着人工智能产业的蓬勃发展，人工智能领域对于实用型、创新型、复合型人才的需求日益上升，尤其是在机器视觉这一人工智能的关键领域，人才需求尤为迫切。因此，苏州工业职业技术学院联合企业、高校和培训机构的专家，编写了本书，旨在推动机器视觉技术的普及。

机器视觉技术建立在多门学科基础之上，特别是各种图像算法，这增加了学习难度。因此，本书尽可能避免涉及复杂的数学计算和公式推导，专注于实际应用。本书选用了企业广泛使用的 MVTec 公司的 Halcon 软件作为图像处理工具，该软件封装了 2000 多个算子，用于解决相关问题，并在多个领域有广泛应用。本书尽可能突出实战性和实用性，既有一定的理论基础，又包含企业真实案例，希望帮助读者走进机器视觉系统开发领域，成为高技能人才，为我国制造业的智能化发展贡献力量。

本书由苏州工业职业技术学院李长春和黄华栋任主编，苏州工业职业技术学院胡炜、宁波大学梁冬泰、江苏扩视教育软件科技有限公司刘旭东任副主编，苏州工业职业技术学院王春生、薛迎春、崔勇、丁云鹏和徐黎参与编写。

本书的编写得到了苏州工业职业技术学院领导的高度重视和大力支持，苏州扩视教育培训有限公司为本书提供了大量的真实工程案例，江苏理工学院戴国洪教授对本书进行了审阅，并提出宝贵建议，在此表示衷心的感谢。

本书参考了相关书籍、网站资料及 Halcon 软件自带的系统例程，在此对原作者表示衷心的感谢。

在编写过程中，编者走访了众多企业，以更准确地了解行业动态，对这些企业的支持表示衷心的感谢。

编者希望读者通过学习本书能够快速掌握 Halcon 软件，并能进行基本的机器视觉系统开发。虽然编者精益求精，但书中可能仍有不足之处，望广大读者批评指正，将不胜感激。

编　者

目　录

前言

项目 1　认识机器视觉及 Halcon 开发软件 ·················· 001

　　任务 1　熟悉机器视觉系统 ································ 002
　　任务 2　认识 Halcon 软件 ································ 005
　　任务 3　利用 Halcon 软件编写第一个程序 ·················· 015
　　习题 ································ 023

项目 2　Halcon 软件编程基础知识 ·················· 025

　　任务 1　了解数字图像概念 ································ 026
　　任务 2　Halcon 软件编程数据结构及控制 ·················· 040
　　习题 ································ 057

项目 3　图像的变换和校正 ·················· 058

　　任务 1　对文字图像进行仿射变换 ································ 059
　　任务 2　对倾斜的二维码进行透视变换 ·················· 063
　　习题 ································ 065

项目 4　图像滤波 ·················· 067

　　任务 1　利用均值滤波对动物图像进行处理 ·················· 068
　　任务 2　利用中值滤波对绷带图像进行处理 ·················· 071
　　任务 3　利用高斯滤波检测轮毂上的字符 ·················· 073
　　习题 ································ 077

项目 5　图像分割 ·················· 078

　　任务 1　利用全阈值分割获取车牌字符 ·················· 079
　　任务 2　利用自动阈值提取零件已加工表面 ·················· 083
　　任务 3　利用局部阈值分割手写字符 ·················· 086
　　任务 4　利用局部阈值识别机器点字符 ·················· 089

任务 5　利用区域生长法分割轮毂并测量小孔尺寸 ………………………………… 092
　　任务 6　利用分水岭算法分割颗粒状物体 …………………………………………… 097
　　习题 ……………………………………………………………………………………… 101

项目 6　特征提取 ……………………………………………………………………… 102

　　任务 1　利用形状特征检测钢管数量 ………………………………………………… 103
　　任务 2　利用形状特征检测电路板焊点的尺寸 ……………………………………… 109
　　任务 3　利用灰度值提取电路板集成芯片区域 ……………………………………… 113
　　任务 4　利用灰度值提取六角晶体 …………………………………………………… 117
　　任务 5　利用 XLD 特征选择芯片轮廓 ……………………………………………… 120
　　习题 ……………………………………………………………………………………… 125

项目 7　形态学处理 …………………………………………………………………… 126

　　任务 1　统计颗粒数量 ………………………………………………………………… 127
　　任务 2　威化饼外观质量检测 ………………………………………………………… 132
　　习题 ……………………………………………………………………………………… 137

项目 8　模板匹配 ……………………………………………………………………… 138

　　任务 1　利用模板匹配查找回形针 …………………………………………………… 139
　　任务 2　利用模板匹配查找多个商标 ………………………………………………… 144
　　任务 3　利用模板匹配查找电子零配件 ……………………………………………… 147
　　任务 4　利用模板匹配检测瓶盖图案 ………………………………………………… 150
　　习题 ……………………………………………………………………………………… 155

项目 9　边缘检测 ……………………………………………………………………… 157

　　任务 1　提取白色铭牌区域 …………………………………………………………… 158
　　任务 2　检测芯片内外矩形之间的中心距和角度差 ………………………………… 162
　　习题 ……………………………………………………………………………………… 169

项目 10　利用 Halcon 软件进行信息识别 …………………………………………… 170

　　任务 1　识别产品的二维码信息 ……………………………………………………… 170
　　任务 2　训练与识别 OCR 字符 ……………………………………………………… 176

项目 11　利用 Halcon 软件进行视觉定位 …………………………………………… 185

　　任务 1　检测人工骨骼连接处正反面 ………………………………………………… 186
　　任务 2　检测胶囊的有无 ……………………………………………………………… 191

项目 12　利用 Halcon 软件进行外观检测　199

　　任务 1　检测滚动轴承滚子数量　200
　　任务 2　检测线路板引脚焊点的外观质量　205

项目 13　利用 Halcon 软件进行视觉测量　212

　　任务 1　检测手机卡槽的尺寸　213
　　任务 2　检测缺失芯片的距离　220

参考文献　227

项目 1
认识机器视觉及 Halcon 开发软件

知识目标

1. 了解机器视觉系统的概念，掌握机器视觉系统的组成，了解各部分的作用。
2. 了解 Halcon 软件的界面，熟悉各窗口、菜单、工具的作用。
3. 理解 Halcon 软件的编程方式。

能力目标

1. 学会利用网络资源搜集资料。
2. 掌握编程语言的学习方法。

素养目标

1. 培养职业素养高、专业技术全面的高技能人才。
2. 树立科技强国的理念。

项目导读

　　机器视觉是一个多学科交叉的新兴领域，在各行各业的应用越来越广泛。随着计算机技术和人工智能技术的发展，企业转型升级的步伐加快，在制造领域对设备的自动化和智能化要求也越来越高。在这一背景下，机器视觉的作用变得日渐重要，它已成为智能制造系统中不可或缺的一环，起到桥梁的作用。作为机器的"眼睛"，机器视觉可以使机器捕获现场信息，并对这些信息进行分析、处理和判断，最终根据信息处理结果发出相应的信号，以驱动后续操作，如机器人的引导和定位等。

　　机器视觉系统由硬件和软件两部分组成。本项目主要介绍机器视觉系统的结构组成，特别是 Halcon 软件的操作界面和算子结构。算子是 Halcon 软件程序开发中的特色，值得重点关注。本项目通过实践"我的第一个 HDevelop 程序"，熟悉 Halcon 软件编程的方法和操作流程。本项目的思维导图如下。

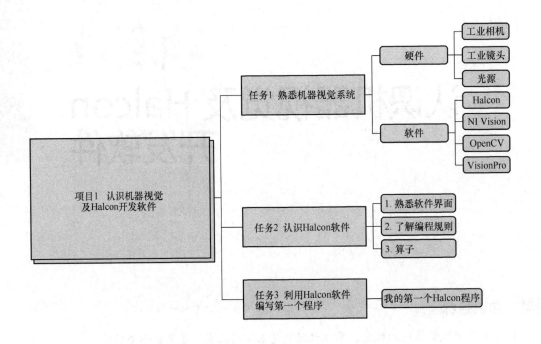

任务 1 熟悉机器视觉系统

【任务要求】

1. 掌握机器视觉的概念。
2. 了解机器视觉的应用场合和优势。
3. 能描述机器视觉系统的组成部分。

【知识链接】

一、机器视觉的定义

机器视觉（Machine Vision）是一门涉及计算机、图像处理、模式识别、人工智能、信号处理、光机电一体化等多个领域的交叉学科，主要利用计算机来模拟人的视觉功能，从客观事物的图像中提取所需"特征"信息，对"特征"信息进行加工处理并加以解析，最终根据分析结果来实现检测、测量和定位等目的。

机器视觉系统在工业生产中具有下列优势：

（1）安全性好　对于观测者与被观测物都不会产生任何损伤，具有较高的系统安全性。

（2）视觉范围广　机器视觉的光学设备比人眼具有更宽的光谱响应范围，包括人眼看不见的红外测量、医学的 X 射线等。

（3）工作时间长　人眼难以长时间对同一对象进行观察，而机器视觉系统则不受时间限制。

（4）精度高、效率快　机器视觉系统的精度更高，速度更快，能够准确地检测高速运动的产品。

（5）成本低　由于机器视觉检测速度比人工效率高，一台检测机器可以承担多人的工作任务，设备操作简单且成本低。

二、机器视觉系统

1. 机器视觉系统组成

机器视觉系统应包括：图像采集模块、图像处理模块、与其他软硬件协同交互模块（控制模块），如图 1-1 所示。

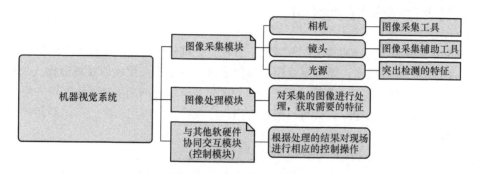

图 1-1　机器视觉系统组成

（1）图像采集模块　主要由工业相机、工业镜头和光源组成。

1）工业相机与工业镜头：机器视觉系统中关键的配合组件，其功能是将作用在被观测物上的光学信号转变成有序的电信号。选择合适的工业相机和工业镜头是机器视觉系统设计的重要环节，不仅直接决定图像质量，还与整个系统的运行模式直接相关，要根据实际应用场合的要求，选择性价比较高的工业相机。

2）光源：辅助成像器件，对相机采集时图像的质量起到至关重要的作用，通过适当的光源照明设计，使图像中的目标信息与背景信息得到最佳分离，可以大大降低图像处理中算法分割和识别的难度，同时提高系统的定位和测量精度，使系统的可靠性和综合性能都得到提升。

（2）图像处理模块　采集的图像数据输入到计算机后，计算机图像处理软件完成图像数据的处理，并根据处理的结果，输出相应的控制指令，对于检测类型的应用，是机器视觉系统的核心部分，通常都需要较高频率的 CPU 或者 GPU，这样可以减少图像处理的时间。

（3）控制模块　视觉软件完成图像分析后，需要与外部设备（如引导机器人进行抓取操作）进行通信，以完成对生产过程的控制。控制系统多采用 PLC 或运动控制卡实现。

2. 机器视觉系统的应用

机器视觉系统目前在工业各领域中都有广泛的应用，归纳起来主要有以下四大方面：

（1）引导和定位　这是机器视觉系统在工业领域最常见的应用之一，要求机器视觉系统能够快速、准确地找到被观测物体并确认其位置，引导机械手臂准确抓取。

（2）外观检测　检测生产线上产品有无质量问题和进行颜色识别等。该环节也是取代人工操作最多的环节之一。

（3）工业测量　有些产品的精度较高，甚至到 μm 级，使用普通的测量工具（如游标卡尺、千分尺）在测量时无法保证其精度，机器视觉系统可以实现更高精度的测量。

（4）信息识别　利用机器视觉对图像的特征进行处理、分析和理解，以识别产品的资料信息或者特征等，如二维码识别、文字信息处理等。

三、常用的视觉开发工具

1. Halcon 机器视觉软件

Halcon 软件是德国 MVTec 公司开发的一套标准机器视觉算法库，由 2000 多个各自独立的算子（函数），以及底层的数据管理构成，其中包含了各类滤波、色彩、数学转换、形态学计算分析、校正、分类辨识、形状搜寻等基本的图像计算功能，应用范围广泛，涵盖医学、遥感探测、监控和工业领域的各类自动化检测。

2. VisionPro 机器视觉软件

VisionPro 软件是美国康耐视公司开发的一款视觉处理软件，提供了易于应用的交互式开发环境，通过简单的拖放操作，即可完成相机参数配置、视觉工具集成以及离散输入/输出的分配。在 VisionPro 软件的视觉工具层，用户通过视觉工具终端之间的拖动操作，可方便完成各工具之间的结果传递。VisionPro 软件可以通过应用程序向导生成应用程序，不需要任何代码即可完成视觉项目。

3. NI Vision 机器视觉软件

NI 公司的视觉开发模块是专为开发机器视觉和科学成像应用的工程师及科学家而设计。该视觉开发模块包括 NI Vision Builder 和 IMAQ Vision 两部分。NI Vision Builder 是一个交互式的开发环境，开发人员无须编程，即能快速完成视觉应用系统的模型建立；IMAQ Vision 是一套包含各种图像处理函数的功能库，它将 400 多种函数集成到 LabVIEW 和 Measurement Studio、LabWindows/CVI、Visual C++ 及 Visual Basic 开发环境中，为图像处理提供了完整的开发功能。

4. OpenCV 机器视觉软件

OpenCV（Open Source Computer Vision Library）是一个基于（开源）发行的跨平台计算机视觉库，可以运行在 Linux、Windows 和 MacOS 操作系统上，由一系列功能完备的 C++ 算法模块构成，同时提供了 Python、Ruby、MATLAB 等语言的接口，实现了图像处理和计算机视觉方面的很多通用算法。

【任务实施】

查阅资料完成下列任务。

一、名词释义

填写表 1-1。

表 1-1 专业名词

序号	名词	英文	含义
1	视觉		
2	机器视觉		
3	工业相机		
4	工业镜头		
5	光源		

二、机器视觉主要的应用场合

_____

三、机器视觉系统的组成

_____

四、我国已经将人工智能的发展提升到国家战略高度，简述工业视觉在智造中的地位

_____

任务 2　认识 Halcon 软件

【任务要求】

1. 熟悉 Halcon 软件操作界面。
2. 掌握算子的结构和作用。
3. 能了解算子各参数的含义。

【知识链接】

一、Halcon 软件的操作界面

1. 软件启动

通过"开始"菜单，选择"HDevelop 20.11 Progress-MVTec Halcon"命令或单击桌面图标 ，打开 MVTec HALCON HDevelop 软件（以下简称 HDevelop 软件），其操作界面包括：菜单栏、工具栏、状态栏和窗口区四部分，如图 1-2 所示。

图 1-2　MVTec HALCON HDevelop 软件操作界面

（1）菜单栏　菜单栏包含 HDevelop 软件所有的功能命令，主要有：文件、编辑、执行、可视化、函数、算子、建议、助手、窗口和帮助等选项。

1）文件。如图 1-3 所示，选择该命令后可以进行基本的文件操作。其中特殊的命令有"导出语言"命令。如图 1-4 所示，在"导出程序"对话框中，可以将 Halcon 软件程序导出"C""C++""VB""C#"格式的文件，在 Visual Studio 等开发环境中进行系统界面及接口程序的开发工作。

图 1-3 "文件"命令列表　　　　　　图 1-4 "导出程序"对话框

2）编辑。它主要包括程序的编辑操作命令，如图 1-5 所示。选择"编辑"→"参数选择"命令，可以对 HDevelop 软件进行个性化参数设置。"参数"对话框如图 1-6 所示。

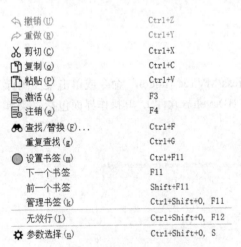 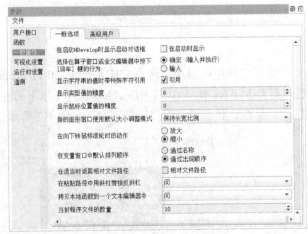

图 1-5 "编辑"命令列表　　　　　　图 1-6 "参数"对话框

3）执行。选择"执行"命令可进行程序的调试和运行等操作，如图 1-7 所示。

4）可视化。选择"可视化"命令可对各窗口及窗口内的特征显示的样式进行操作和设定，如图 1-8 所示。

图 1-7 "执行"命令列表

图 1-8 "可视化"命令列表

5）函数。选择"函数"命令可对外部函数及函数库进行管理操作，函数的操作与 C++ 语言函数操作一致，如图 1-9 所示。

6）算子。该命令中包含 Halcon 软件中所有的算子，方便开发者查找或在程序中插入所需要的算子，并且分类排列，其中约有 2100 个算子，如图 1-10 所示。

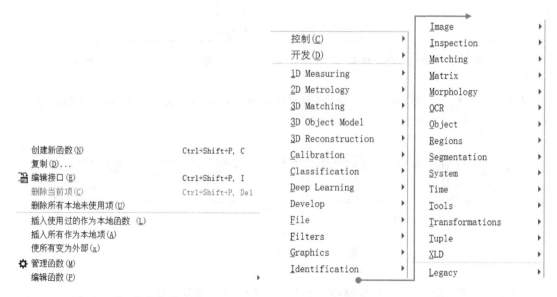

图 1-9 "函数"命令列表 　　　　　图 1-10 "算子"命令列表

7）建议。在程序的开发过程中，"建议"命令为开发者建议当前算子的替代、前驱及后续函数，以及参考函数，为程序开发提供便利，如图 1-11 所示。

8）助手。HDevelop 软件提供了图像采集、标定、测量、匹配及 OCR 模块化开发工具，借助"助手"命令，可以快捷开发所需要的视觉系统，如图 1-12 所示。

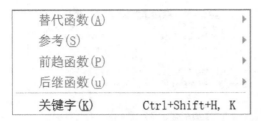
图1-11 "建议"命令列表

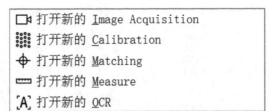
图1-12 "助手"命令列表

9）窗口。选择"窗口"命令可对窗口区的图形窗口、变量窗口、算子窗口，及程序窗口进行打开、关闭、排列等操作，如图1-13所示。

10）帮助。该命令用于介绍Halcon软件的技术文档、参考手册和语言等，如图1-14所示。

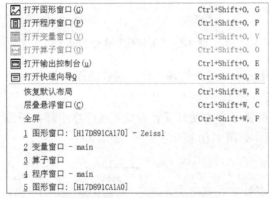

图1-13 "窗口"命令列表　　　　图1-14 "帮助"命令列表

（2）工具栏　工具栏在菜单栏的下面，其中的命令按钮可分为四部分，分别对应"文件""编辑""执行""检测工具"命令列表中的各命令，如图1-15所示。

图1-15 工具栏中各命令按钮

（3）窗口区　HDevelop软件操作界面有四个大窗口，即图形窗口、算子窗口、程序窗口和变量窗口。

1）图形窗口。它主要显示图像变量的内容。图像变量可以是图像，也可以是Region，能实时显示图像处理的过程和结果，如图1-16所示，图形窗口还可以进行感兴趣区域ROI（Region of Interesting）操作，单击图形窗口的"绘制新的ROI"按钮♂，即可弹出图1-17所示的"ROI"对话框，绘制想要的目标特征。

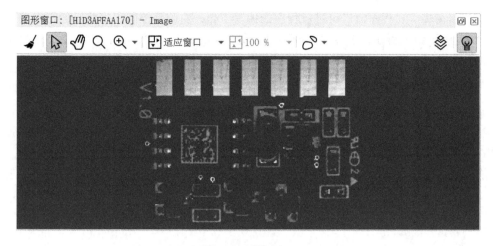

图 1-16　图形窗口

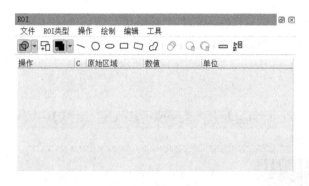

图 1-17　"ROI"对话框

2）算子窗口。算子类似 C++ 语言中的函数，每个算子都可以实现某一功能。在该窗口中可以实现算子的输入和参数的设置等操作，如图 1-18 所示。

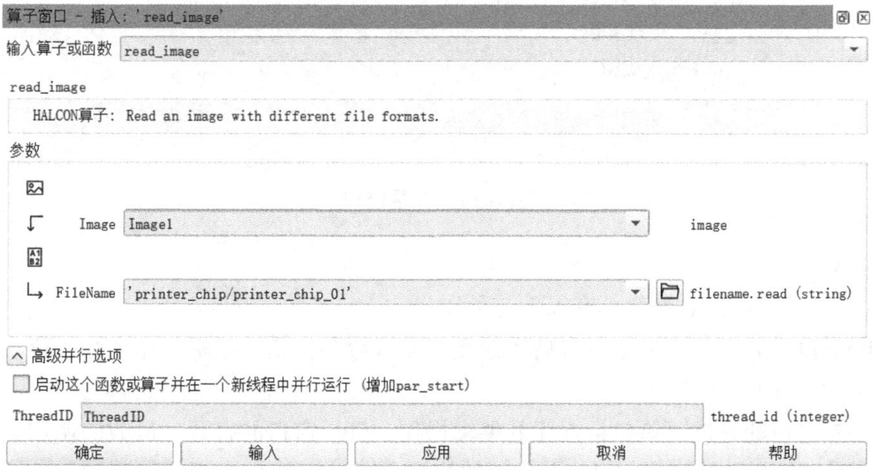

图 1-18　算子窗口

3）程序窗口。在程序窗口可进行程序的编写工作，左侧是控制程序执行的指示符号，可以设置断点用于调试程序；上端显示 main() 函数和其他外部函数，主区域用于显示程序，如图 1-19 所示。

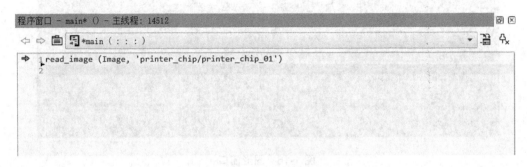

图 1-19　程序窗口

4）变量窗口。它用于显示程序中所有变量的值。变量可以分为：图像变量和控制变量。图像变量存放的是图像或者图像处理过程中的 Region，可以在图形窗口显示；控制变量存放的是各类变量的值，类似 C++ 中的变量，如图 1-20 所示。

图 1-20　变量窗口

2. 右键菜单

HDevelop 软件中的右键菜单有以下三种形式。

（1）图形窗口的右键菜单主要包括图像显示设置命令，是"编辑"命令和"可视化"命令的快捷命令，如图 1-21a 所示。

（2）程序窗口的右键菜单包括程序的编辑操作、算子窗口的打开、函数的调用、断点的设置等命令，是"执行""函数""窗口"命令的快捷命令，如图 1-21b 所示。

（3）变量窗口的右键菜单有两个，主要对变量进行分类，如图 1-21c、d 所示。

图 1-21 右键菜单

3. 打开例程，查看例程

HDevelop 软件提供了大量的开发案例供开发人员参考、学习和使用，如图 1-22 所示。

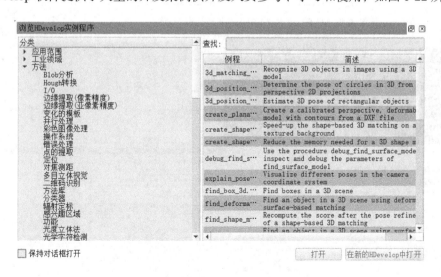

图 1-22 HDevelop 软件实例程序

打开示例程序的方法有以下三种：

1）在菜单栏选择"文件"→"浏览 HDevelop 示例程序"命令。

2）使用〈Ctrl + E〉快捷键。

3）单击工具栏上"浏览 HDevelop 示例程序"按钮 📂 。

【案例 1-1】 打开一个图像分割示例程序

1）在菜单栏选择"文件"→"浏览 HDevelop 示例程序"命令。

2）在弹出的图 1-23 所示对话框中的"分类"下拉列表框选择→"方法"→"图像分割"选项，右边的下拉列表框中会显示所有的"图像分割"示例程序，选择需要查看的"图像分割"示例程序，单击"打开"按钮，选择"watersheds_threshold"（分水岭分割），显示示例程序如图 1-24 所示。

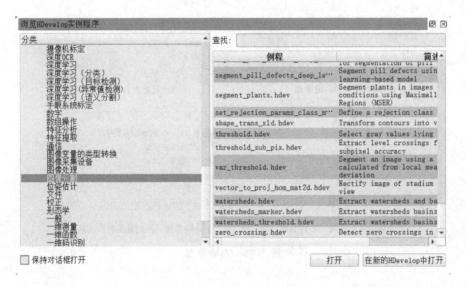

图 1-23 打开一个示例程序

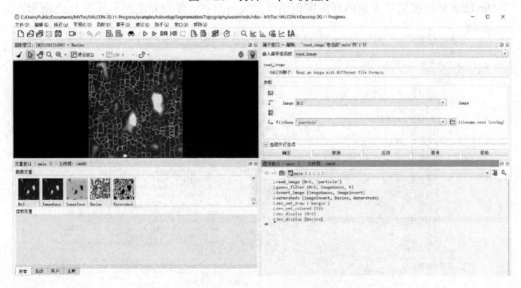

图 1-24 watersheds_threshold.hdev 算法示例程序

二、Halcon 软件的算子

算子是 Halcon 软件的核心，利用算子可以让视觉系统开发工程师像堆积木一样，仅需掌握基本的编程规则，就可以迅速地开发出需要的程序，只要几十行的程序就可以得到想要的结果。

算子主要包括：图像输入、图像输出、控制输入、控制输出四类参数项。所有算子的格式为

算子（图像输入：图像输出：控制输入：控制输出）

在程序窗口双击某个算子，可以在算子窗口显示和编辑该算子，如图 1-25 所示。

图 1-25 编辑算子参数

在程序窗口的 main() 函数程序中双击"read_image (Image,'pen/pen-01')"算子，将会在算子窗口显示"read_image()"编辑信息，其含义是：将默认目录中"pen"文件夹中的名为"pen-01"图像赋值给图像变量 Image。Image 为图像变量名，可参照命名规则自定义变量名，还可以通过图 1-10 所示的"算子"命令列表选择需要使用的算子，例如，选择"File"→"Images"→"read_image"命令，如图 1-26 所示，在算子窗口将会显示"read_image"算子的信息，如图 1-27 所示。

图 1-26 算子操作

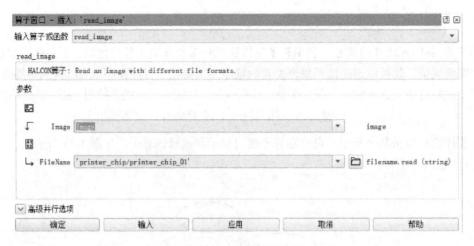

图 1-27　算子窗口

不是每个算子中都必须具备四类参数，程序如下：

get_image_size (Image,Width,Height);
＊获取 Image 变量中图像的尺寸，长度赋值给 Width，高度赋值给 Height。

也可能一个参数项包含多个参数，程序如下：

set_display_font (WindowHandle,16,'mono','true','false');
＊设定窗体字体显示，大小、字体、粗斜体。

【任务实施】

一、会安装 Halcon 软件

二、填写表 1-2

表 1-2　HDevelop 软件窗口区中窗口的作用

窗口名称	作　　用
图像窗口	
变量窗口	
算子窗口	
程序窗口	

三、掌握算子的结构形式

算子名称（1：2：3：4）

各部分作用：

1.＿＿
2.＿＿
3.＿＿
4.＿＿

任务 3　利用 Halcon 软件编写第一个程序

【任务要求】

1. 能参照例程完成第一个程序的编写。
2. 在程序的编写过程中熟练掌握 Halcon 软件的编程方法。
3. 掌握 Halcon 软件的编程技巧、调试方法和帮助文档的使用方法。

【知识链接】

学习过其他编程语言如 Java、C、VB 等的都经历过学习编程的第一个程序就是输出打印"hello world"，在 Halcon 软件也有第一个程序。在 Halcon 软件的"启动"对话框中，如图 1-28 所示，任务是根据图示的回形针，获取回形针的数量和转角，并用箭头显示出来。

（程序见：\ 随书代码 \ 项目 1 认识机器视觉及 Halcon 开发软件 \01-1 我的第一个 Halcon 程序 .hdev）

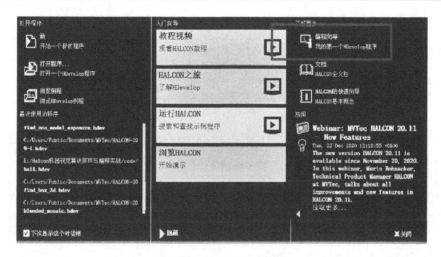

图 1-28　"启动"对话框

打开 Halcon 软件"HDevelop"时，在"启动"对话框中"编程向导"命令中有"我的第一个 HDevelop 程序"，如图 1-28 所示，该程序实现的功能是计算图 1-29 中回形针的数量和方向。参考 Halcon 软件官方的"帮助文档"→"Chapter4 Programming HDevelop"内容，按照步骤输入程序，所有参数均由系统自动命名。

一、程序编写

（1）读取图像　程序如下：

```
1. *读取图像 clip，放入图像变量 Image 中
2. read_image (Image,'clip')
```

1）在程序窗口输入算子"read_image"，按〈Tab〉键，

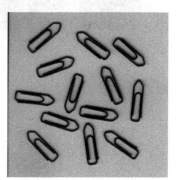

图 1-29　回形针图像

完成整个算子的输入。

2）双击算子"read_image"，算子窗口会显示算子的信息，在"FileName"列表框输入'clip'；或者单击"filename.read（string）"前的" "按钮，在"C:\Users\Public\Documents\MVTec\HALCON-20.11-Progress\examples\images"目录下选择"clip.png"文件。

3）单击"替换"按钮，如图1-30所示。

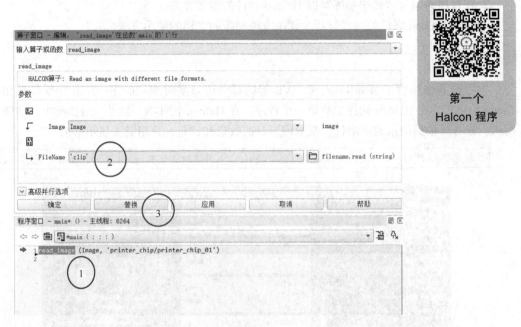

图1-30　算子编辑操作

4）单击工具栏上"单步运行"按钮 或按〈F6〉键单步运行，得到效果如图1-31所示。

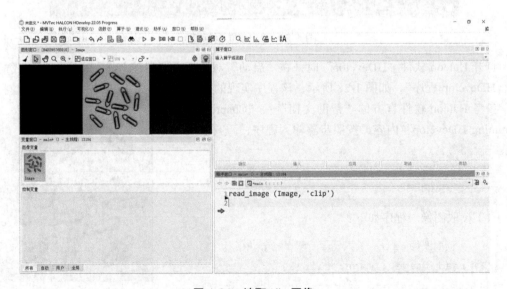

图1-31　读取clip图像

读取图像后,需要获得图像窗口的"窗口句柄",便于后续对窗口进行编辑。程序如下:

```
3.  *获取当前窗口句柄,为了后续在该窗口画箭头和显示信息
4.  dev_get_window(WindowHandle)
```

※小技巧:

1)连续按两下〈Tab〉键,可以进行后续的默认代码输入。

2)绝对路径读取图像:将程序和图像文件放在同一目录中。

3)将光标放在程序行后面,按〈shift + Enter〉键可以单步执行,或者选择"编辑"→"参数"命令,在弹出的图 1-32 所示对话框中选择"一般属性"→"选择在算子窗口或全文编辑器中按下[回车]键的行为"命令,并选中"确定(输入并执行)"单选按钮,如图 1-32 所示,按〈Enter〉键,程序就会单步执行。

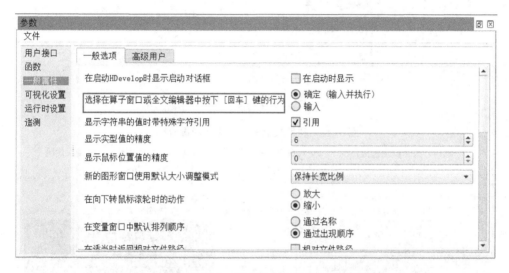

图 1-32　回车单步执行设定

(2)分割图像　在菜单栏选择"可视化"→"工具"→"灰度直方图"命令或单击工具栏上"灰度直方图"按钮,打开"灰度直方图"对话框,如图 1-33 所示。

1)单击打开"阈值"开关。

2)拖动"灰度直方图"中的红线和绿线,两线之间为选择的灰度值(范围 0~255),本例选择(0~50)。

3)单击"插入代码"按钮,自动在程序中插入"阈值分割"算子,如图 1-34 所示。运行结果如图 1-35 所示。

4)输入算子"connection(Regions, ConnectedRegions)"进行连通域处理,即

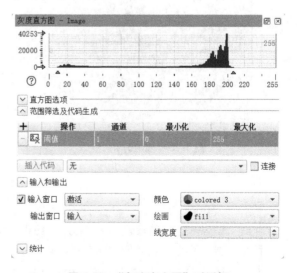

图 1-33　"灰度直方图"对话框

将不相连的像素区域分割开。运行结果如图 1-36 所示。

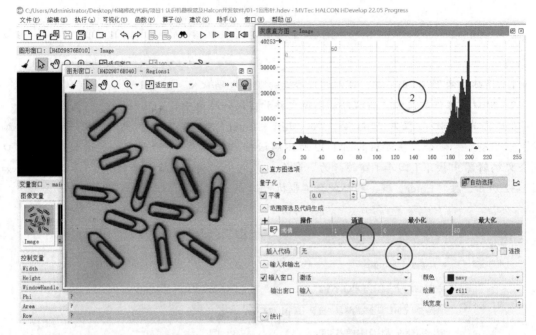

图 1-34　利用灰度直方图进行图像分割

1—阈值开关（设定阈值范围）　2—对应直方图区域（光标拖动设定阈值范围）　3—插入代码

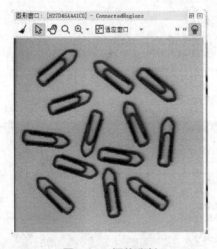

图 1-35　阈值分割

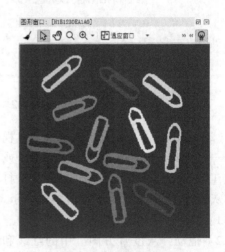

图 1-36　连通域处理

程序如下：

```
5. *对图像阈值分割（使用灰度直方图工具），筛选灰度值在 0~50 之间的像素
6. Threshold(Image,Regions,0,50)
7. *连通域处理，将回形针分割成单个区域
8. connection(Regions,ConnectedRegions)
```

（3）特征提取 在显示区域的左边有一条竖线，不属于回形针的特征，接下来进行特征提取，通过典型特征将回形针提取出来，并将非回形针特征去除。有以下三种方法：

1）在图像变量"ConnectedRegions"上单击鼠标右键，在弹出的对话框中选择"显示目录"→"选择…"命令，如图1-37所示，弹出图1-38所示的区域面积特征，依次单击各区域，可以观察所选中的回形针。观察时发现13个回形针的面积范围为4427～5792（像素点数量），可以用"面积"作为筛选条件，筛选范围为（4400～6000），包含回形针即可，选取所需要的回形针。

图1-37 对象选择　　　　　　　　　图1-38 区域面积特征

2）单击工具栏上"特征直方图"按钮，打开"特征直方图"对话框，单击打开"area"开关，拖动"特征直方图"中的红线和绿线，两线之间为选择的面积值，本例选择（4400～6000）；单击"插入代码"按钮，系统自动在程序中插入特征选择算子，如图1-39所示。

3）输入算子"select_shape（ConnectedRegions，SelectedRegions，'area'，'and'，4400，6000）"。

得到的结果如图1-40所示。

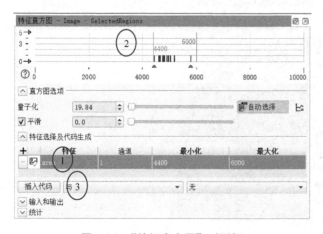 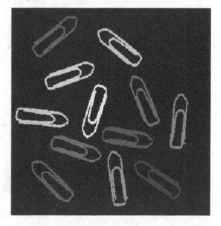

图1-39 "特征直方图"对话框　　　　　图1-40 回形针选取结果

程序如下：

```
9. *特征筛选，以面积为筛选过滤条件
10. select_shape(ConnectedRegions,SelectedRegions,'area',
    'and',4400,6000)
```

（4）特征分析　提取出回形针特征后，就可以计算每个回形针的方向，计算区域的面积和中心坐标。程序如下：

```
11. *计算每个回形针的旋转角，值放入数组 Phi 中
12. orientation_region(SelectedRegions,Phi)
13. *计算回形针面积，放入数组 Area 中，中心坐标，行数组 Row，列数组 Column
14. area_center(SelectedRegions,Area,Row,Column)
15. *设定箭头的线宽
16. dev_set_line_width(3)
17. *设定区域的填充模式：'margin' 为边缘，'fill' 为填充
18. dev_set_draw('margin')
19. *设定箭头显示的样式：长度，定义变量 Length
20. Length:= 80
21. *设定箭头显示的样式：颜色
22. dev_set_color('blue')
23. *显示箭头
24. disp_arrow(WindowHandle,Row,Column,Row - Length * sin(Phi),Column +
    Length * cos(Phi),4)
25. *显示角度（弧度）
26. disp_message(WindowHandle,deg(Phi)$'.1f'+'deg','im-
    age',Row-100,Column-100,'black','false')
```

输出的结果如图 1-41 所示。

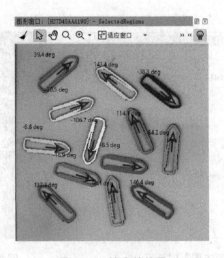

图 1-41　输出的结果

二、程序调试与帮助

1. 程序调试

在利用 HDevelop 软件进行程序开发过程中,经常需要随时查看程序运行效果,Halcon 软件可实现所做即可见,调试操作比较简便,在菜单栏的"执行"命令中,包含了调试的所有命令,在工具栏提供了常见的调试工具,主要包括:"运行"▷、"单步运行"▷、"重置程序执行"、"性能评测器开关"等,如图 1-42 所示。

图 1-42　调试工具条

1)运行▷:单击"运行"按钮▷,系统从头开始运行程序,至"stop()"算子或断点暂停,继续单击"运行"按钮▷,直至程序结束。

2)单步运行▷:从上一步运行暂停的位置开始执行下一句命令。

3)重置程序执行:清除缓存,各个变量的内容,恢复到初始状态。

4)性能评测器开关:单击工具条上的按钮,使其变成灰色,在程序窗口右上角中将会出现按钮,单击该按钮,将会出现性能评估器的条件选项,如图 1-43 所示,用于在程序窗口中显示程序运行的性能评估,时间的单位为 ms。

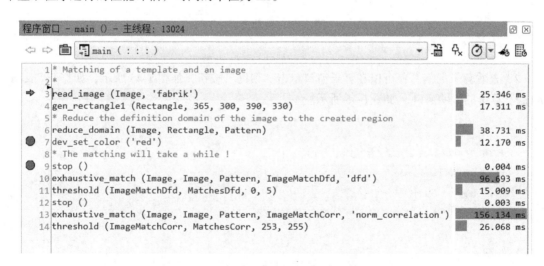

图 1-43　程序调试符号

在图 1-43 所示的程序窗口中,将光标移至程序序号的左边,会显示三种光标形态:●、➡、⊥。

1)●:光标变成该形态时可以在当前位置设置断点。

2)➡:光标变成该形态时表示程序运行至该行。

3)⊥:光标变成该形态时可以将光标移至该行的行首位置。

2. 非常重要的"帮助"命令

HDevelop 软件的"帮助"命令提供了各类算子的解释及教程供用户学习使用,如图 1-44

所示。常用的"帮助"命令调用方式如下：

1)〈F1〉键：按〈F1〉快捷键，可以打开"帮助"窗口，如图1-44所示。

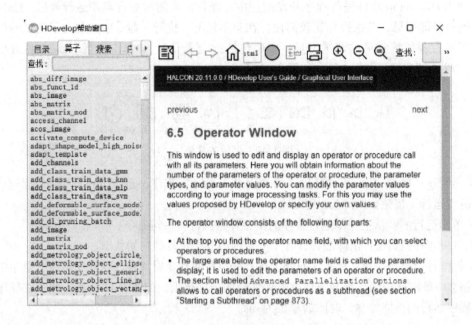

图1-44　帮助窗口

2)查看算子的信息：可以在算子窗口单击"帮助"按钮，如图1-45所示，如打开"read_image"算子的帮助窗口，如图1-46所示。

图1-45　算子窗口

3)在菜单栏选择"帮助"命令，并选择合适的帮助方式。

图 1-46 "read_image"算子的帮助窗口

【任务实施】

一、HDevelop 软件的操作

打开 HDevelop 软件，输入程序：输入算子开头，可以按〈↑〉〈↓〉方向键选择需要的算子，然后按〈Tab〉键输入全部程序，还可以在菜单栏选择"可视化"→"交互记录"命令，然后选择其他命令，系统自动完成程序的书写。

二、"帮助"命令的调用方式

_____

_____

三、填写表 1-3 的光标形态的不同作用

表 1-3 光标形态的不同作用

光标形态	作　　用
●	
➡	
⇨	

习　　题

1. 机器视觉是_____。
2. 机器视觉系统包括_____、_____、_____和_____。

3. 机器视觉四大应用分别是_____、_____、_____和_____。

4. Halcon 软件常用的窗口有_____、_____、_____和_____。

5. Halcon 软件算子主要包括_____、_____、_____和_____四类参数项。

6. 选择什么选项可以使"启动"对话框在软件启动时不启动？

7. 利用网络工具，查找并了解我国机器视觉技术的发展现状。

项目 2
Halcon 软件编程基础知识

知识目标

1. 理解数字图像的概念。
2. 了解图像数字化的过程。
3. 掌握 Halcon 软件获取图像的方法。

能力目标

1. 学会使用 Halcon 软件读取图像的操作方法。
2. 会使用程序控制语句。

素养目标

1. 培养爱岗敬业、刻苦钻研的工匠精神。
2. 培养良好且规范的编程习惯。

项目导读

Halcon 软件是 MVTec 公司开发的机器视觉算法工具包，封装了 2000 多个算子（函数）工具供开发者使用，主要针对数字图像进行编程。和其他编程语言一样，Halcon 软件具有自己的编程规则。本项目要掌握数字图像的概念和 Halcon 软件的语法结构，如果有 C、C++ 或其他编程语言基础，将更容易掌握本项目内容。Halcon 软件编程类似积木编程，系统会自动命名算子中的变量，方便快捷，降低了对开发者编程水平的要求。本项目的难点在于算子的选择、算子使用的先后顺序和算子各参数的确定方法。

本项目的思维导图如下。

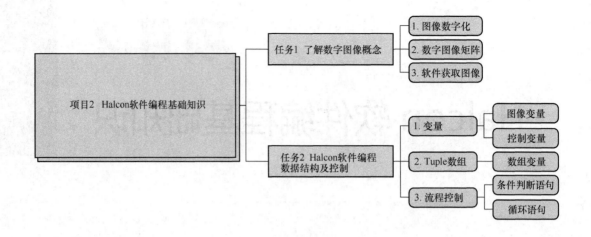

任务1 了解数字图像概念

【任务要求】

1. 了解图像数字化的概念及数字图像的分类，了解像素的数字表述。
2. 能用多种方法使用 Halcon 软件获取图像。
3. 能使用算子在图像窗口中显示图像。

【知识链接】

一、数字图像基础

1. 图像数字化

数字图像（Digital Image）是以像素为基本单位，可以直接用计算机或数字电路存储和处理的图像。通过工业相机、扫描仪等设备获取的图像均是数字图像。

图像数字化首先将图像网格化，如图2-1所示，每个网格为1像素。对于灰度图像，每个像素取值为0~255，实际上通过工业相机获取的图像已经是数字图像。调节工业相机和工业镜头，可以确定视野范围，图像的大小及分辨率由工业相机参数决定。图像分辨率是指图像上单位长度内的像素数量。数字图像的"长"和"宽"并非物理意义的长度单位，而是在图像的"横"和"竖"这两个维度上包含的像素个数。

图2-1 图像网格化

图 2-2a 所示为一张灰度图像，图 2-2b 则是该图像的数字化表述。从数学角度来看，该图可以用一个二维函数 $F(x,y)$ 来表示，其中 (x,y) 是空间（平面）坐标，$f(x,y)$ 是该坐标点的灰度值，其数据是以矩阵的方式排列，每张图像被描述成由 $M\times N$ 个数据组成的矩阵，矩阵的每个元素为像素。若对于 $M\times N$ 像素的彩色图像，可以用三个矩阵表示：$[F_R]_{M\times N}$、$[F_G]_{M\times N}$、$[F_B]_{M\times N}$，彩色图像相当于由 R、G、B 三个矩阵叠加合成，即

$$f(x,y)=\begin{bmatrix} f(0,0) & f(0,1) & \cdots & f(0,N-1) \\ f(1,0) & f(1,1) & \cdots & f(1,N-1) \\ \vdots & \vdots & & \vdots \\ f(M-1,0) & f(M-1,1) & \cdots & f(M-1,N-1) \end{bmatrix} \quad (2\text{-}1)$$

像素（或像元，Pixel）是数字图像的基本元素，构成数字图像的最小单位，每个像素具有整数行（高）和列（宽）位置坐标，坐标原点为图像左上角，同时每个像素都具有整数灰度值或颜色值。

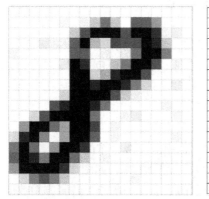
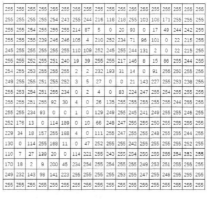

a) 灰度图像　　　　　　　　　　b) 图像数字化

图 2-2　图像数字化

2. 数字图像分类

根据采样数目及特性的不同，可以将数字图像划分为二值图像、灰度图像和彩色图像三种类型。

（1）二值图像　二值图像是指图像的每个像素点非黑即白，"0"代表黑色，"1"代表白色。如图 2-3 所示，二值图像表述比较粗糙，信息量小，但分析速度快。

二值图像

a) 原图　　　　　　　　b) 二值图像

图 2-3　二值图像（扫码见彩图）

（2）灰度图像　灰度图像在二值图像的基础上，在黑与白之间构建更多的颜色深度分级，从黑色到最亮的白色过渡，如图 2-4 所示。根据保存灰度数值所使用的数据类型的不同，灰度图像可以有 2^k 种，当 $k=1$ 时是二值图像，如图 2-4a 所示；当 $k=8$ 时是常见的灰度图像，颜色分级 256（0~255），是一般工业视觉中常用处理的格式，如图 2-4d 所示。

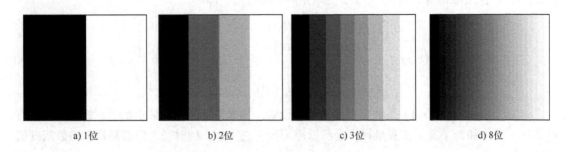

a) 1位　　　　b) 2位　　　　c) 3位　　　　d) 8位

图 2-4　灰度图像

（3）彩色图像　彩色图像又称 RGB 图像，是根据三基色成像原理来描述图像信息，由红、绿、蓝三种颜色组合而成，三种颜色各有 256 个级别，即每种原色采用 8 位二进制整数（1 字节）表示，于是 RGB 共需要 24 位二进制整数，共可以表示 $256×256×256=2^{24}$，约 1600 万种颜色。

3. 灰度直方图

灰度直方图是关于灰度级分布的函数，是对图像中灰度级分布的统计。灰度直方图是将数字图像中的所有像素，按照灰度值的大小，统计其出现的频率，如图 2-5 所示。灰度直方图只能反映图像的灰度分布情况，而不能反映图像像素的位置，一幅图像各直方图数值之和就等于该图全图的灰度值数量。

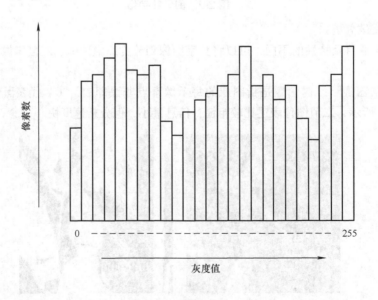

图 2-5　灰度直方图

二、利用 Halcon 软件获取图像

机器视觉系统处理的对象是图像。在 Halcon 软件中获取图像的方式有很多，其基本原理是利用 read_image() 算子实现对图像的读取操作。

算子释义：read_image() —— Read an image with different file formats。

格式：read_image(:Image:FileName:)

参数：Image 为输出对象，是一个变量，可以直接定义使用，不需要提前声明；FileName 为输入控制文件名，用于指定读取的文件。

作用：将某路径下的图像文件读入变量 Image 中。

例：read_image (Image, 'earth.png')。

表示：读取系统默认目录下 C:\Users\Public\Documents\MVTec\HALCON-20.11-Progress\examples\images 的文件 earth.png，或者与程序文件同一个文件夹内的图像文件 earth.png，将读取的图像放入到图像变量 Image 中。

读取单张图像

【案例 2-1】 使用 Halcon 软件读取单张图像。

（程序见：\随书代码\项目 2 Halcon 软件编程基础知识\2-1 读取图像 earth.hdev）

首先在程序窗口中输入如下程序，单击"单步执行"按钮▷，查看每一步运行结果。

```
1. *获取图像 earth.png，存入变量 Image 中，如图 2-6 所示
2. read_image(Image,'earth.png')
3. *获取图像 Image 的大小（像素值），如图 2-7 所示，Width 为"列"，Height 为"行"
4. get_image_size(Image, Width, Height)
5. *创建新窗口，(0,0)-(Width,Height)，背景为"黑色"，窗口句柄为 WindowHandle
6. dev_open_window(0,0,Width,Height,'black',WindowHandle)
7. *显示图像 Image，如图 2-8 所示
8. dev_display(Image)
```

图 2-6　获取图像

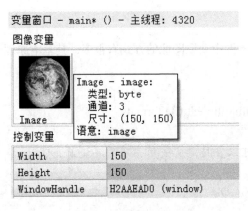

图 2-7　图像的信息　　　　　　图 2-8　新窗口显示图像

算子释义：get_image_size() — Return the size of an image。
格式：get_image_size (Image: : :Width, Height)
参数：Image 为输入图像变量；Width 为宽度方向像素值；Height 为高度方向像素值。
作用：返回输入图像 Image 变量中的图像大小（宽度和高度）。

例：get_image_size (Image, Width, Height)。
表示：获取图像变量 Image 中图像的像素大小，"列数"放入数值变量 Width 中，"行数"放入数值变量 Height 中。

算子释义：dev_open_window() — Open a new graphics window。
格式：dev_open_window(: : Row, Column, Width, Height, Background : WindowHandle)
参数：Row, Column 为窗口在指定位置打开时左上角坐标；Width, Height 为图像的宽度和高度；Background 为背景的颜色；WindowHandle 为窗口的句柄。
作用：打开一个新的图形窗口，可用于显示图像、区域和线条等标志性对象以及执行文本输出。

例：dev_open_window (200, 0, 500, 600, 'black', WindowHandle)。
表示：创建一个新窗口，窗口的左上角坐标为（200,0），右下角的坐标为（600,500），与语句中的顺序相反，背景颜色为"black"，窗口的句柄名称为 WindowHandle。
使用 dev_close_window() 算子可以关闭当前窗口，该算子无参数。

算子释义：dev_display() — Displays image objects in the current graphics window。
格式：dev_display(Object : : :)
参数：Object 为图像或区域变量，对象为 Image、Region 或 XLD。
作用：将图像或者区域显示在当前窗口中。

例：dev_display (Image)。

表示：显示图像变量 Image 中的图像、区域或轮廓。

其他获取图像的操作：在菜单栏选择"文件"→"读取图像…"命令，如图 2-9 所示，弹出图 2-10 所示的"读取图像"对话框，单击"文件名称"后面的"文件夹"按钮，可以选择图像文件，最后单击"确定"按钮，将程序插入光标所在位置。

图 2-9 "文件"菜单

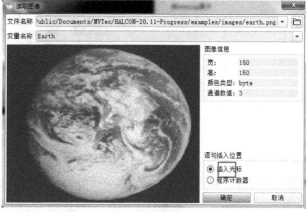

图 2-10 "读取图像"对话框

例程图像的位置为：C:\Users\Public\Documents\MVTec\HALCON-20.11-Progress\examples\images\。

获取图像的操作还有如下方法。

1）在菜单栏选择"助手"→"打开新的 Image Acquisition"命令，如图 2-11 所示。

2）在弹出的"Image Acquisition"对话框中选中"图像文件"单选按钮，再单击"选择文件（s）…"按钮，如图 2-12 所示。

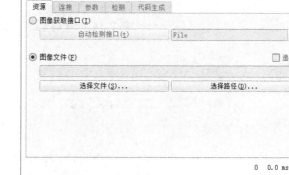

图 2-11 "助手"菜单　　　　图 2-12 "Image Acquisition"对话框

3）在弹出的"选择一个图像文件"对话框中，找到"erath.png"文件并选中，如图 2-13 所示，单击"打开"按钮。

图 2-13 "选择一个图像文件"对话框

4)单击 "Image Acquisition" 对话框中的"代码生成"选项卡,单击"插入代码"按钮,如图 2-14 所示,即可在程序中插入一行 read_image() 程序,结果如图 2-15 所示。

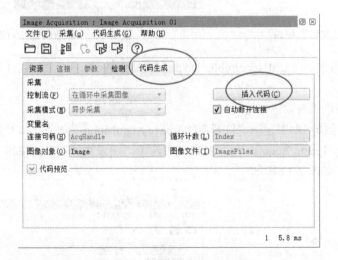

图 2-14 "代码生成"选项卡

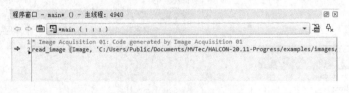

图 2-15 插入程序

利用数组读取多张图像

【案例 2-2】 利用数组 Tuple 读取多张图像,程序如下。

1. *将指定路径文件夹中的所有文件读入数组 abc 中,变量无须声明,双击变量值可查看变量列表信息,如图 2-16 所示。(读者可将 E 盘改为图像文件所在的盘符)

2. list_files('E:/随书代码/项目2 Halcon软件编程基础知识/2-2Can','files', abc)
3. *筛选数组abc中的图像文件放入数组cba中，如图2-17所示
4. tuple_regexp_select(abc,['\\.(tif|tiff|gif|bmp|jpg|jpeg|jp2|png|p-cx|pgm|ppm|pbm|xwd|ima|hobj)$','ignore_case'],cba)
5. *循环读取图像，循环次数为图像的数量，求数组cba的长度
6. for I := 0 to |cba| - 1 by 1
7. *依次读取数组cba中的图像
8. read_image(Image,cba[I])
9. endfor

（程序见：\随书代码\项目2 Halcon软件编程基础知识\2-2Can\指定路径读取多张图像.hdev）

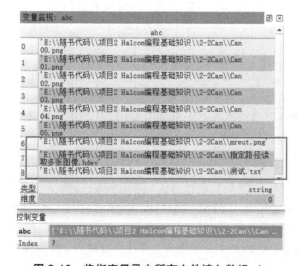

图2-16 将指定目录中所有文件读入数组abc

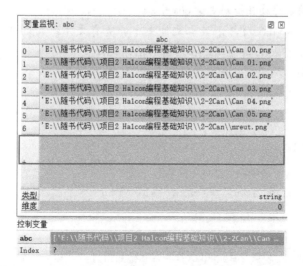

图2-17 将数组abc所有符合要求的图像匹配到数组cba中

算子 list_files() 是将目录中所有的文件（包含非图像文件），全部读入数组 abc（abc 为个人命名的数组名）。

> 算子释义：list_files() — List all files in a directory。
> 格式：list_files(: : Directory, Options : Files)
> 参数：Directory 为绝对路径，指定图像文件夹在系统中的位置；Options 为数组操作的参数选项，默认值为"file"，如果有多个参数需用"[ ]"括起来；Files 为数组名，可以自定义。
> 作用：列出指定路径目录下的所有文件，读入数组 Files 中。

例：list_files ('E:/ 随书代码 ', 'files', Files)。
表示：将"E:\随书代码"目录下的文件读取到控制变量 Files 中。
对数组 cba 中进行筛选，利用 tuple_regexp_select() 算子，仅保留图像文件在数组中。

> 算子释义：tuple_regexp_select()— Select tuple elements matching a regular expression。
> 格式：tuple_regexp_select(: : Data, Expression : Selection)
> 参数：Data 为筛选的原始数据，一般为 list_files() 算子的结果；Expression 为过滤筛选的条件；Selection 为筛选的结果。
> 作用：用于过滤使用运算符 list_files() 获得的文件列表。

例：tuple_regexp_select (abc, ['\\.(tif|tiff|gif|bmp|jpg|jpeg|jp2|png|pcx|pgm|ppm|pbm|xwd|ima|hobj)$', 'ignore_case'], cba)。
表示：对控制变量 abc 中的文件进行筛选，筛选出后缀为 .tif、.tiff、.gif、.bmp、.jpg、.jpeg、.jp2、.png、.pcx、.pgm、.ppm、.pbm、.xwd、.ima、.hobj 等格式的图像文件，"ignore_case"忽略文件名大小写，筛选结果存放在控制变量 cba 中。

操作技巧：使用 list_files() 算子读取文件夹中的所有文件到数组中，然后使用 tuple_regexp_select() 算子筛选出所有的图像文件。

【案例 2-3】 利用循环读取多张图像，程序如下。

利用循环读取多张图像

```
1. *循环读取某文件夹中的多张图像，图像的文件名必须按照顺序编号，
     如图 2-18 所示
2. for i := 1 to 19 by 1
3. *利用循环变量 i 控制图像文件名的编号，格式如下
4.     read_image(Image,'/card/'+i+'.png')
5. endfor
```

（程序见：\随书代码 \ 项目 2 Halcon 软件编程基础知识 \2-3 利用 for 循环读取多张图像 .hdev）

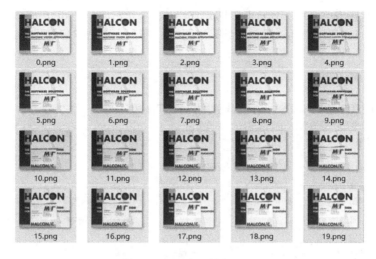

图 2-18 图像文件名编号

【案例 2-4】 利用图像采集助手依次读取多张图像。

（程序见：\随书代码\项目 2 Halcon 软件编程基础知识 \2-4 利用图像采集助手读取多张图像 .hdev）

在菜单栏中选择"助手"→"打开新的 Image Acquisition"命令，在弹出的"Image Acquisition"对话框的"资源"选项卡下，选中"图像文件"单选按钮，如图 2-19 所示，单击"选择路径（D）..."按钮找到"C:\Users\Public\Documents\MVTec\HALCON-20.11-Progress\examples\images\ bicycle"文件夹。

利用采集助手读取多张图像

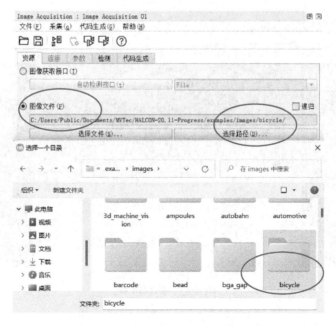

图 2-19 "Image Acquisition"对话框

单击"Image Acquisition"对话框中的"代码生成"选项卡，单击"插入代码"按钮，如图 2-20 所示，即可在程序中插入程序，结果如图 2-21 所示，单击"运行"按钮▷，可以看到连续的动画。

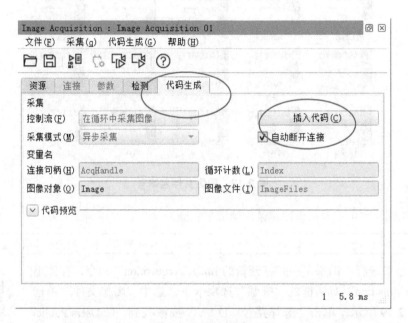

图 2-20　插入代码

图 2-21　执行结果

自动生成程序如下：

1. *Image Acquisition 01: Code generated by Image Acquisition 01

```
2. list_files('C:/Users/Public/Documents/MVTec/HALCON-20.11-Progress/
   examples/images/bicycle',['files','follow_links'],ImageFiles)
3. tuple_regexp_select(ImageFiles,['\\.(tif|tiff|gif|bmp|jpg|jpeg|-
   jp2|png|pcx|pgm|ppm|pbm|xwd|ima|hobj)$','ignore_case'],ImageFiles)
4. for Index := 0 to |ImageFiles| - 1 by 1
5. read_image(Image,ImageFiles[Index])
6.     *Image Acquisition 01: Do something
7. endfor
```

另外利用 dev_open_file_dialog() 算子，可以打开文件夹，选择需要打开的图像，程序如下：

```
1. dev_open_file_dialog('read_image','default','default',Selection)
2. read_image(Image,Selection)
```

三、图像显示

1. 窗口句柄

在 Halcon 软件中，图像是在图像窗口中显示的。在面向对象编程中，窗口是一个对象，该对象可以被操作，用于装载图像和显示图像，在窗口中可以进行图像的各类处理操作。因此，在图像处理之前，需要获取窗口的编号。窗口的编号就是句柄的名称。在 Halcon 软件中通常使用 dev_open_window() 算子来创建新的窗口并获取窗口句柄。

在 Halcon 软件程序窗口中输入如下程序，可以观察到获取窗口句柄的效果如图 2-22 所示。

```
1.  *读取图像
2.  read_image(Image,'clip')
3.  *关闭系统默认窗口
4.  dev_close_window()
5.  *获取图像 clip 的尺寸大小
6.  get_image_size(Image,Width,Height)
7.  *创建新的窗口，大小为图像的一半大小，背景为"黑色"，句柄名为 WindowHandle
8.  dev_open_window(0,0,Width/2,Height/2,'black',WindowHandle)
9.  *显示图像 clip
10. dev_display(Image)
11. *暂停
12. stop()
13. *关闭当前窗口，释放句柄
14. dev_close_window()
```

例：dev_open_window (0, 0, −1, −1, 'white', WindowHandle)。

表示：创建一个最近打开图像大小的窗口。

重要提示：使用窗口句柄后一定要及时释放，可以节约内存空间，提高机器视觉系统的运行速度。关闭窗口的算子为：dev_close_window ()。

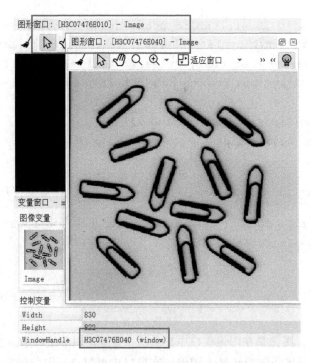

图 2-22 窗口句柄效果图

2. 图像显示

Halcon 软件中显示图像的算子为：dev_display()，用于在当前窗口显示图像、region 或 XLD。

3. 文字显示

在视觉系统中，有时需要根据检测结果将一些信息反馈给用户，如在窗口显示"OK"或"NG"或者其他信息，在 Halcon 软件中显示文字常用的算子为 disp_message()，可以通过 set_display_font() 算子来设定字体的样式。

> 算子释义：disp_message()—— This procedure writes one or multiple text messages。
> 格式：disp_message(: :WindowHandle,String,CoordSystem,Row,Column,Color,Box:)
> 参数：WindowHandle 为窗口句柄，确定显示消息的窗口；String 为显示的文字信息，可以为字符串，用单引号引出，也可以为变量、输出文字或数值；CoordSystem 为窗口坐标或图像坐标；Row,Column 为显示输出的位置；Color 为显示的颜色；Box 为"true"带边框，"false"不带边框。
> 作用：在指定窗口的指定位置显示文字或数字信息。

例：disp_message (WindowHandle, ' 欢迎使用 Halcon 软件 ', 'window', 12, 12, 'black', 'true')。

表示：在句柄"WindowHandle"的窗口中（12,12）的位置显示文字"欢迎使用 Halcon 软件"，颜色为"黑色"，带边框。

文本显示

【案例 2-5】 文本显示，程序如下：

```
1.  *关闭系统默认窗口
2.  dev_close_window()
3.  *创建新窗口，大小为 512×512 像素，背景为白色
4.  dev_open_window(0,0,512,512,'white',WindowHandle)
5.  *定义显示字符的变量，并赋值
6.  showstring:='欢迎学习 Halcon！'
7.  *设定显示字体的样式
8.  set_display_font(WindowHandle,16,'mono','true','false')
9.  *在 (210,150) 的位置，利用变量显示消息
10. disp_message(WindowHandle,showstring,'window',210,150,'black',
    'true')
11. *在 (12,12) 位置，直接显示消息
12. disp_message(WindowHandle,'机械工业出版社','window',12,12,'black',
    'true')
13. *再次设定字体格式，原设定取消
14. set_display_font (WindowHandle,25,'serif','false','false')
15. *设置文本光标的位置
16. set_tposition(WindowHandle,120,120)
17. *在光标位置显示字符串
18. write_string (WindowHandle,'助力中国智造')
```

（程序见：\随书代码\项目 2 Halcon 软件编程基础知识\2-6 文本显示 .hdev）

程序运行结果如图 2-23 所示。

图 2-23　文本显示

算子释义：set_display_font() —— Set font independent of OS。

> 格式: set_display_font(: : WindowHandle,Size,Font,Bold,Slant:)
> 参数: WindowHandle 为图像窗口句柄; Size 为大小; Font 为字体; Bold 为粗体; Slant 为斜体。
> 作用: 设置该位置以后字体显示的样式, 直到下次设置为止。

例: set_display_font (WindowHandle, 16, 'mono', 'true', 'false')。
表示: 设定句柄为"WindowHandle"的窗口上字体显示的模式, 字体大小为16, 字体为"mono", 粗体, 非斜体。

【任务实施】

一、数字图像的概念及分类

_____
_____
_____

二、图像数字化的过程

_____
_____
_____

三、Halcon 软件读取图像的方法

_____
_____
_____

任务 2 Halcon 软件编程数据结构及控制

【任务要求】

1. 熟练掌握 Halcon 软件的数据结构,特别是图形参数 Image、Region 和 XLD 的概念。
2. 能用 Tuple 图形数组对一组图像进行存储。
3. 熟悉各类程序控制语句。

【知识链接】

一、Halcon 软件数据结构类型

Halcon 软件数据结构类型主要有图形 (Iconic) 参数和控制 (Control) 参数两类。图形参数包括: 图像变量 Image、区域 Region 和亚像素轮廓 XLD (Extend Line Descriptions); 控制参数包括: 字符型 String、整型 Integer、实型 Real、句柄 Handle 和数组 Tuple 等, 其数据结构如图 2-24 所示。

项目 2　Halcon 软件编程基础知识

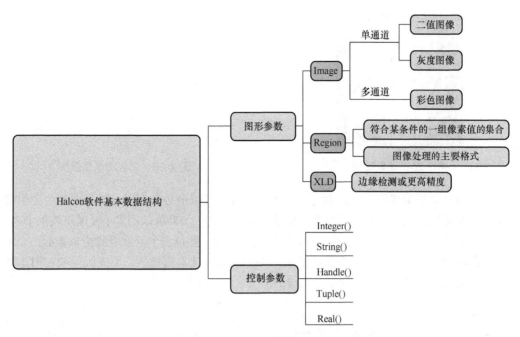

图 2-24　Halcon 软件数据结构图

1. 图像变量 Image

在机器视觉系统中，图像 Image 是 Halcon 软件基本的一种变量类型，用于存放图像数据。图像数据用矩阵来表示，矩阵的"行"对应图像的"高"，矩阵的"列"对应图像的"宽"，矩阵的"元素"对应图像的"像素"。

如果获取的图像为彩色图像，即 RGB 图像，则该图像有红、绿、蓝三个颜色分量，每个像素点都可以用这三种颜色叠加而成，不是数值相加。

【案例 2-6】　验证彩色图像的像素值，程序如下。

验证彩色
图像的像素值

```
1. *读取一张彩色图像，如图 2-25 所示
2. read_image(Image,'earth.png')
3. *获取坐标（100,100）的坐标值，得到 [232,208,237]，如图 2-26 所示
4. get_grayval(Image,100,100,RGB1)
5. *将图像分成 R、G、B 共 3 个通道
6. decompose3(Image,R,G,B)
7. *获取 R 分量坐标（100,100）的坐标值，得到 232
8. get_grayval(R,100,100,R1)
9. *获取 G 分量坐标（100,100）的坐标值，得到 208
10. get_grayval(G,100,100,G1)
11. *获取 B 分量坐标（100,100）的坐标值，得到 237
12. get_grayval(B,100,100,B1)
```

（程序见：\ 随书代码 \ 项目 2 Halcon 软件编程基础知识 \2-6 图像像素验证 .hdev）

图 2-25 读取图像

控制变量	
B1	237
G1	208
R1	232
RGB1	[232, 208, 237]

图 2-26 彩色图像像素值

图像的通道是指图像中一个像素点采用多少个灰度级数值进行表示。如果图像内的像素点可以用一个灰度级数值来表示，那么图像就只有一个通道；如果可以用多个灰度级数值来表示，图像就有多个通道，如 RGB 彩色图像可以用红色、绿色、蓝色三个灰度级数值来表示，表示彩色图像是由红色、绿色、蓝色三个通道组成。Halcon 软件读取图像后，将光标停放在图像变量中的图像或区域上，将会弹出小窗显示图像的类型、通道和尺寸，如图 2-27 所示。

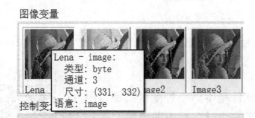

图 2-27 图像通道

在工业视觉图像处理中，除了与颜色有关的产品，多是需要将彩色图像转换为灰度图像或二值图像，或者直接采用黑白相机获取灰度图像。在 Halcon 软件中将彩色图像转换为灰度图像的算子为：rgb1_to_gray()。

彩色图像转为灰度图像再转为二值图像

算子释义：rgb1_to_gray() — Transform an RGB image into a gray scale image。
格式：rgb1_to_gray(RGBImage : GrayImage : :)
参数：RGBImage 为输入图像，三通道的彩色图像；GrayImage 为输出图像，灰度图像。
每点灰度值：gray = $0.299 \times red + 0.587 \times green + 0.114 \times blue$。
作用：将 RGB 图像转换为灰度图像。

例：rgb1_to_gray (Image, GrayImage)。
表示：将图像变量"Image"中的彩色图像转为灰度图像，存入图像变量"GrayImage"中。
【案例 2-7】 先将彩色图像转换为灰度图像，再转换为二值图像。程序如下：

```
1.*读取图像，如图 2-28a 所示
2. read_image(Lena,'lena.png')
```

```
3. *彩色图像"Lena"转为灰度图像"GrayImage",如图 2-28b 所示
4. rgb1_to_gray(Lena,GrayImage)
5. *设定区域的颜色为白色
6. dev_set_color('white')
7. *二值化分割图像,将灰度图像转为二值图像(参见图像分割),如图 2-28c 所示
8. binary_threshold(GrayImage,Region,'max_separability','dark',
   UsedThreshold)
```

(程序见:\随书代码\项目 2 Halcon 软件编程基础知识\2-7 彩色转灰度图像.hdev)

a) RGB 图像

b) 灰度图像

c) 二值图像

图 2-28　图像格式转化(扫码见彩图)

2. 区域 Region

区域是 Halcon 软件的另一种数据类型,是图像的真子集,利用区域可以缩小图像处理范围,提高图像处理速度。区域通常有两种处理方式:一是集中形式,在图中直接裁剪出一块区域,即感兴趣区域(ROI);二是离散形式,在图像中设定某段阈值范围,利用图像分割算子,将所需要的灰度值单独组成一个区域。

RGB 图像

在 Halcon 软件中,单击图像窗口上的"绘制新的 ROI"按钮 ,将会弹出"ROI"对话框,如图 2-29 所示,在"ROI"对话框中,可以对图像上进行区域选择,区域的形状可以是线段、圆形○、椭圆○、矩形□、旋转矩形□、任意形状○,也可以是这些形状的布尔运算结果,如图 2-30 所示,利用鼠标左键绘制图形后,单击鼠标右键确认,如图 2-31 所示,最后单击"在程序中插入代码"按钮,在程序窗口中自动生成代码,如图 2-32 所示。

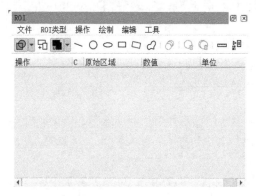
图 2-29　"ROI"对话框

图 2-30　布尔运算

图 2-31 绘制 ROI

```
1 dev_open_window (0, 0, 512, 512, 'black', WindowHandle)
2 gen_circle (ROI_0, 130, 136, 86.093)
3 gen_ellipse (TMP_Region, 132, 365, rad(0.61606), 93.0054, 31.4605)
4 union2 (ROI_0, TMP_Region, ROI_0)
5 gen_rectangle1 (TMP_Region, 335, 64, 411, 192)
6 union2 (ROI_0, TMP_Region, ROI_0)
7 gen_rectangle2 (TMP_Region, 336, 369, rad(-37.7468), 78.4092, 34.6133)
8 union2 (ROI_0, TMP_Region, ROI_0)
9 gen_region_runs (TMP_Region, [184,185,186,187,188,189,190,191,192,193,194,195,196,197
10 union2 (ROI_0, TMP_Region, ROI_0)
```

图 2-32 自动生成的代码

【案例 2-8】 绘制 ROI，位置、数据自定，程序如下：

1. *创建新窗口
2. dev_open_window(0,0,512,512,'black',WindowHandle)
3. *以（130,136）为圆心，86.093 为半径绘制圆形
4. gen_circle(ROI_0,130,136,86.093)
5. *绘制椭圆，圆心坐标为（132,365），长轴为 93.0054，短轴为 31.4605，长轴方向为 0.61606（弧度）
6. gen_ellipse(TMP_Region,132,365,rad(0.61606),93.0054,31.4605)
7. *将圆形和椭圆合并
8. union2(ROI_0,TMP_Region,ROI_0)
9. *绘制长方形，左上角坐标为（335,64），右下角坐标为（411,192）
10. gen_rectangle1(TMP_Region,335,64,411,192)
11. *将长方形添加到原区域
12. union2(ROI_0,TMP_Region,ROI_0)
13. *绘制旋转长方形，中心坐标为（336,369），长度方向为 -37.7468（弧度），长为 78.4092，宽为 34.6133
14. gen_rectangle2(TMP_Region,336,369,rad(-37.7468),78.4092,34.6133)

绘制 ROI

15. *将旋转长方形添加到原区域
16. union2(ROI_0,TMP_Region,ROI_0)

（程序见：\随书代码\项目 2 Halcon 软件编程基础知识\2-8ROI 绘制.hdev）

运行结果如图 2-33 所示。

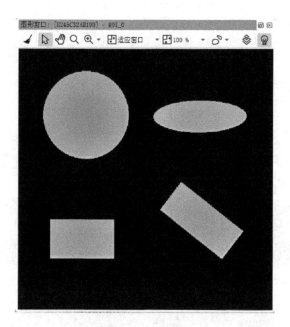

图 2-33 ROI 绘制

【案例 2-9】利用 ROI 方法，裁剪车牌区域，程序如下：

利用 ROI 方法
裁剪车牌区域

1. *读取自带图像 for5，如图 2-34a 所示
2. read_image(Image,'for5.png')
3. get_image_size(Image,Width,Height)
4. dev_close_window()
5. dev_open_window(0,0,Width/2,Height/2,'black',WindowHandle)
6. dev_display(Image)
7. *利用创建新的 ROI 绘制矩形，如图 2-34b 所示
8. gen_rectangle1(ROI_0,248,206,329,536)
9. *对选定的区域进行裁剪，如图 2-34c 所示
10. reduce_domain(Image,ROI_0,ImageReduced)
11. *对图像尺寸进行裁剪，如图 2-34d 所示
12. crop_domain(ImageReduced,ImagePart)
13. *显示裁剪出来的区域，尺寸不变
14. dev_clear_window()
15. dev_display(ImageReduced)

16. *reduce_domain() 是缩小一个图像的定义域,并不缩小图像的实际尺寸,即新图像 ImageReduced 尺寸大小并未发生变化。crop_domain() 配合 reduce_domain() 使用,可以裁剪图像尺寸,如图 2-35 所示
17. dev_clear_window()
18. dev_display(ImagePart)
19. get_image_size(ImageReduced,Width1,Height1)
20. get_image_size(ImagePart,Width2,Height2)

（程序见：\随书代码\项目 2 Halcon 软件编程基础知识\2-9 获取车牌区域.hdev）

a) 读取图像

b) 创建ROI矩形

c) 选定区域裁剪

d) 图像尺寸裁剪

图 2-34　区域裁剪

控制变量

Width	768	Image
Height	575	
WindowHandle	H181D5A8B1F0 (window)	
Width1	768	ImageReduce
Height1	575	
Width2	331	ImagePart
Height2	82	

图 2-35　区域尺寸

算子释义：reduce_domain() — Reduce the domain of an image。
格式：reduce_domain(Image, Region : ImageReduced : :)
参数：Image 为原图像；Region 为裁剪的区域；ImageReduced 为输出裁剪后区域。
作用：用 Region 从 Image 中相应裁剪 Region 大小的区域。

例：reduce_domain (Image, ROI, ImageReduced)。
表示：用图像变量"ROI"中的区域裁剪图像变量"Image"中的图像，裁剪后的结果放入图像变量"ImageReduced"中，图像大小不变。

3. 亚像素轮廓 XLD

亚像素轮廓 XLD 是一个轮廓函数，它不基于像素，但比像素更精确，可以精确到像素内部的一种描述，通常称为亚像素。提取 XLD 并不是沿着各像素的边界，而是 Halcon 软件经过某种计算得出的位置，如图 2-36 所示。使用 threshold_sub_pix() 算子和 edges_sub_pix() 算子可以将单通道图像转化为 XLD。

图 2-36　XLD 轮廓

算子释义：threshold_sub_pix() — Extract level crossings from an image with subpixel accuracy。
格式：threshold_sub_pix(Image : Border : Threshold :)
参数：Image 为被提取对象；Border 为提取得到的 XLD 轮廓；Threshold 为提取 XLD 轮廓的阈值。
作用：从图像中提取 XLD 亚像素轮廓，也称边缘分割。

例：threshold_sub_pix (Image, Border, 128)。
表示：在图像变量"Image"中的图像上，提取灰度值在 128 以上区域的边缘轮廓，XLD 格式。

算子释义：edges_sub_pix()—Extract sub-pixel precise edges using Deriche, Lanser, Shen or Canny filters。
格式：edges_sub_pix(Image : Edges : Filter, Alpha, Low, High :)
参数：Image 为被提取对象；Edges 为提取得到的 XLD 轮廓；Filter 为滤波器，包括 shen, mshen, canny, sobel, and sobel_fast 等；Alpha 为光滑系数；Low, High 为振幅在 low 和 high 之间的边缘。
作用：利用滤波器从图像中提取 XLD 亚像素轮廓。

例：edges_sub_pix (Image, Edges,'canny ', 5, 3, 5)。

表示：提取图像变量"Image"中的图像边缘轮廓，存入图像变量"Edges"中，采用 canny 滤波器对图像进行滤波，迭代次数为 5（数值越小边界越光滑，边缘特征也越明显），振幅在 3~5 的边缘。

【案例 2-10】 利用 XLD 定位矩形区域。

（程序见：\ 随书代码 \ 项目 2 Halcon 软件编程基础知识 \2-10XLD.hdev）

利用 XLD
定位矩形区域

图 2-37 所示的图像由于对比度不明显，特征的灰度值与背景比较接近，如图 2-38 所示，在提取中间灰度矩形时操作比较困难，可以考虑使用 XLD 来处理。

图 2-37　原图像

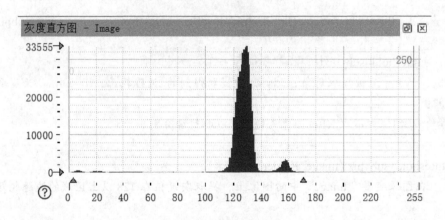

图 2-38　灰度直方图

1）获取图像并初始化，程序如下：

```
1.  *读取图像 'pads' 到变量 Image 中
2.  read_image(Image,'pads')
3.  *获取图像大小，行数为 Height，列数为 Width
4.  get_image_size(Image,Width,Height)
5.  *关闭当前窗口
6.  dev_close_window()
```

7. *打开的新窗口，大小为图像大小的一半，背景为黑色，窗口句柄为WindowHandle
8. dev_open_window(0,500,Width/2,Height/2,'black',WindowHandle)
9. *设定区域填充的模式，'margin'为只显示边缘
10. dev_set_draw('margin')
11. *显示Image变量中的图像，如图2-39所示
12. dev_display(Image)

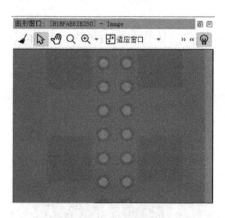

图2-39　读取图像

2）图像处理，程序如下：

13. *用矩形裁剪图像，坐标值可以通过按〈Ctrl〉键，移动光标查看，如图2-40所示，裁剪后的"区域"存入变量ImageReduced中
14. rectangle1_domain(Image,ImageReduced,280,100,530,690)
15. *利用canny算子获取变量 ImageReduced中轮廓的边缘，获取的边缘存放在变量Edges中，如图2-41所示
16. edges_sub_pix(ImageReduced,Edges,'canny',5,3,5)
17. *将Edges中轮廓根据连续性进行分割，有线段、有圆弧，分割的结果存入变量ContoursSplit中，如图2-42所示
18. segment_contours_xld(Edges,ContoursSplit,'lines',5,4,2)
19. *以轮廓线长度为条件，对变量ContoursSplit中轮廓进行筛选，选中的XLD存入数组变量SelectedContours中
20. select_contours_xld(ContoursSplit,SelectedContours,'contour_length',20,Width/2,-0.5,0.5)
21. *将数组变量SelectedContours中近似共线轮廓合并，结果存入变量UnionContours
22. union_collinear_contours_xld(SelectedContours,UnionContours,10,1,8,0.4,'attr_keep')
23. *以轮廓线长度选择UnionContours中的XLD，结果存入变量SelectedContours1中，如图2-43所示
24. select_contours_xld(UnionContours,SelectedContours1,'contour_length',50,10000,-0.5,0.5)
25. *显示变量Image中的图像

```
26. dev_display(Image)
27. *显示变量SelectedContours1中的区域
28. dev_display(SelectedContours1)
29. *合并数组SelectedContours1所有轮廓线,结果存入变量UnionContours1
30. union_adjacent_contours_xld(SelectedContours1,UnionContours1,
    20,1,'attr_keep')
31. *求UnionContours1区域轮廓的最小外接矩形,获取中心坐标为(Row,Column),倾斜
    角度为Phi,矩形两轴长度分别为Length1、Length2
32. smallest_rectangle2_xld(UnionContours1,Row,Column,Phi,Length1,
    Length2)
33. *根据上一句获取的参数,绘制最小外接矩形,如图2-44所示
34. gen_rectangle2(Rectangle,Row,Column,Phi,Length1,Length2)
```

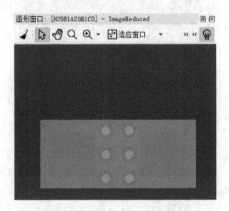

图2-40 用矩形裁剪图像

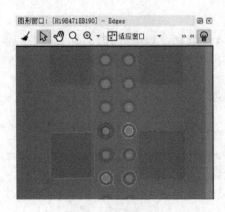

图2-41 获取XLD

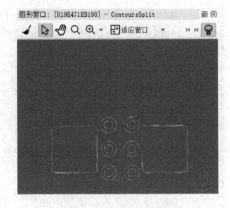

图2-42 线段分割

项目 2　Halcon 软件编程基础知识

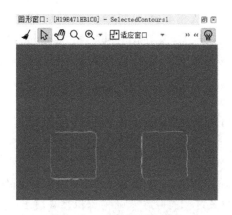

图 2-43　选取矩形的轮廓

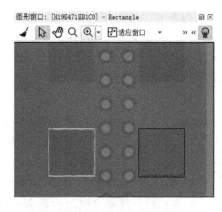

图 2-44　最小外接矩形

3）显示结果。

```
35. *显示原图
36. dev_display(Image)
37. *显示矩形，结果如图 2-45 所示
38. dev_display(Rectangle)
```

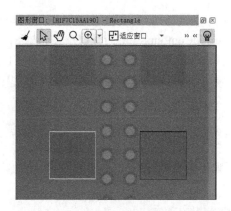

图 2-45　显示结果

算子释义：segment_contours_xld() — Segment XLD contours into line segments and circular or elliptic arcs。

格式：segment_contours_xld(Contours:ContoursSplit:Mode,SmoothCont,MaxLineDist1,MaxLineDist2:)

参数：Contours 为需要进行分割的轮廓；ContoursSplit 为分割后的轮廓；Mode 为分割轮廓的方式，可以选择 'lines'（使用直线段分割）、'lines_circles'（使用直线段和圆（弧）分割）、'lines_ellipses'（使用直线段和椭圆弧分割）；SmoothCont 为光滑系数；MaxLineDist1 为第一次用 Ramer 算法（即用直线段递进逼近轮廓）时的系数；MaxLineDist2 为第二次逼近轮廓时的系数。

作用：将一个 XLD 轮廓分割为直线段、圆（圆弧）、椭圆弧。

例：segment_contours_xld (Edges, ContoursSplit, 'lines ', 5, 4, 2)。

表示：对图像变量"Edges"中的轮廓进行分割，分割结果存在图像变量"ContoursSplit"中，采用直线分割"lines"，光滑系数为"5"，第一次用 Ramer 算法的系数为"4"，第二次用 Ramer 算法的系数为"2"。

算子释义：union_collinear_contours_xld() — Unite approximately collinear contours。

格式：union_collinear_contours_xld(Contours: UnionContours: MaxDistAbs, MaxDistRel, MaxShift, MaxAngle, Mode:)

参数：Contours 为输入 XLD 轮廓；UnionContours 为合并后的轮廓；MaxDistAbs 为沿参考轮廓的回归线测量两个轮廓之间的最大间隙长度（间隙在参考轮廓拟合直线上的投影）；MaxDistRel 为间隙在参考轮廓拟合直线上的投影长度与参考轮廓长度的比值上限；MaxShift 为第二个轮廓与参考轮廓拟合直线的最大距离；MaxAngle 为两个轮廓拟合直线的角度（0°~45° 或 0.0~0.785rad）；Mode 为定义轮廓属性处理的模式，即是否保留或丢弃轮廓属性。

作用：根据共线情况对轮廓线进行拟合，将近似共线（大致在一条直线上）的轮廓合并起来。

例：union_collinear_contours_xld (SelectedContours, UnionContours, 10, 1, 8, 0.4, 'attr_keep ')。

表示：将图像变量"SelectedContours"中的 XLD 进行拟合，拟合后的 XLD 轮廓放入图像变量"UnionContours"中，两轮廓可接受的最大绝对距离为"10 像素"，两轮廓的最大间隙为"1 像素"，第二条轮廓到参考回归线的最大距离为"8 像素"，两轮廓回归线的最大夹角为"0.4rad"。

二、Tuple 图形数组

Tuple 也称"元组"，与其他语言的数组的区别在于，Tuple 除了可以放置数值，还可以放置图像、区域或 XLD。

【案例 2-11】 Tuple 图形数组的操作。

（程序见：\随书代码\项目 2 Halcon 软件编程基础知识\2-11Tuple 操作 .hdev）

输入下列程序，单击"单步跳过函数"按钮或按〈F6〉键，注意观察控制变量窗口的变量数据。

Tuple 图形数组的操作

```
1. *对 Tuple1 数组赋值，结果为 Tuple1:=[1,0,3,4,5,6,7,8,9]
2. Tuple1:=[1,0,3,4,5,6,7,8,9]
3. *改变 Tuple1[1] 的值，结果为 Tuple1[]=[1,2,3,4,5,6,7,8,9]
4. Tuple1[1]:=2
5. *批量改变数组元素的值，结果为 Tuple1[]=[1,a,3,b,5,c,7,8,9]
6. Tuple1[1,3,5]:='abc'
7. *对 Tuple2 数组赋值，其值为 0~10000 范围内的连续数值，结果为 Tuple2[]=
   [0,1,2,…,9999,10000]
```

8. Tuple2 := [0:10000]
9. *批量给Tuple3数组赋值，其值为3~200范围内的连续数值，步长为2，结果:Tuple3[]=[3,5,7,…,197,199]
10. Tuple3 := [3:2:200]
11. *批量给Tuple4数组赋值，其值为100~-100范围内的连续数值，步长为-10，结果为Tuple4[]=[100,90,80,…,-90,-100]
12. Tuple4:=[100:-10:-100]
13. *对两个Tuple数组进行合并操作，将数组TupleInt1 和数组TupleInt2的数据组成新的集合，排序后赋值给新的数组UnionInt，结果为UnionInt[]=[1,2,3,4,9,10]
14. TupleInt1:=[3,1,2,9,1]
15. TupleInt2:=[10,2,4,3,2]
16. tuple_union(TupleInt1,TupleInt2,UnionInt)
17. *对两个Tuple数组进行交集操作，将数组TupleInt3和数组TupleInt4相同的数据组成新的集合，排序后赋值给新的数组IntersectionInt，结果为Intersection-Int[]=[2,3]
18. TupleInt3:=[3,1,2,9,1]
19. TupleInt4:=[10,2,4,3,2]
20. tuple_intersection (TupleInt3, TupleInt4, IntersectionInt)
21. *对Tuple数组元素进行替换，用x、y替换数组OriginalTuple中的0、1，结果为OriginalTuple[]=[x,y,2,3,4,5]
22. OriginalTuple:=[0,1,2,3,4,5]
23. tuple_replace(OriginalTuple,[0,1],['x','y'],Replaced)
24. *向Tuple数组插入数值，在数组OriginalTuple中将所有的3替换成x，结果为OriginalTuple:=[0,1,2,x,4,5]
25. OriginalTuple:=[0,1,2,3,4,5]
26. tuple_insert(OriginalTuple,3,'x',InsertSingleValueA)

在变量窗口显示结果，如图2-46所示。

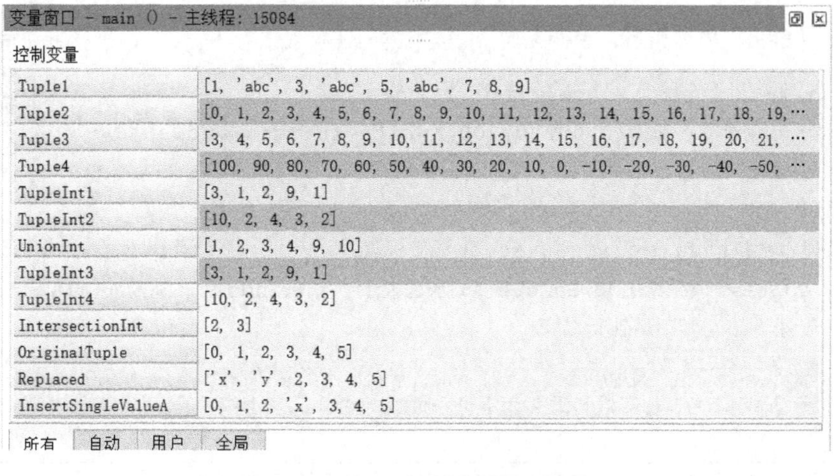

图2-46　Tuple控制变量显示结果

三、程序控制语句

Halcon 软件的控制语句与 C++ 等语言的用法类似，主要有：if 条件语句、for 循环语句、while 循环语句等。

1. if 条件语句

在程序中需要先判断是否满足某个或多个条件，再去执行指定任务时，可以使用 if 条件语句。if 条件语句有三种形式。

1）形式 1：if 语句，程序如下。

```
1. if（条件表达式）
2. *条件表达式成立执行的语句
3. endif
```

2）形式 2：if-else 语句，程序如下。

```
1. if（条件表达式 1）
2. *条件表达式 1 成立执行的语句组
3. else
4. *否则执行的语句组
5. endif
```

3）形式 3：if-elseif-else 语句，程序如下。

```
1. if（条件表达式 1）
2. *条件表达式 1 成立执行的语句组
3. elseif（条件表达式 2）
4. *条件表达式 2 成立执行的语句组
5. else
6. *否则执行的语句组
7. endif
```

【案例 2-12】 if 条件语句，程序如下。

```
1. *创建一个 200mm×200mm 的窗口，为了显示文字
2. dev_open_window(0,0,200,200,'white',WindowHandle)
3. * 如果 1>0，这个条件成立，执行下面的语句
4. if(1>0)
5. *显示消息语句，在窗口（60,50）像素坐标处显示"1 永远大于 0"
6. disp_message(WindowHandle,'1 永远大于 0','window',60,50,'black','true')
7. *if 条件语句判断后执行结束
8. endif
9. *后面语句与 if 条件语句无关，不论条件成与否，都会继续执行
```

if 语句

（程序见：\随书代码\项目 2 Halcon 软件编程基础知识\2-12if 语句.hdev）

程序执行结果如图 2-47 所示。

2. for 循环语句

for 循环是最常用的循环语句之一，语法形式非常简单，多用于固定次数的循环，其结构如下：

    for（Index:= 起始数值 to 终止数值 by 步长）
    * 循环体
    endfor

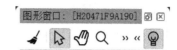

图 2-47　if 条件语句执行结果

说明：Index 是循环的变量，每次循环结束都会加上"步长"的值；当 Index 大于终止数值时，循环结束。

【案例 2-13】 for 语句，程序如下。

```
1. *创建一个窗口，用于显示
2. dev_open_window(0,0,100,100,'white',WindowHandle)
3. *命名一个数组
4. tupleFor:=[]
5. *for 循环，从 1 到 5，步长为 1
6. for Index:=1 to 5 by 1
7. *将当前 Index 值赋给数组 tupleFor
8. tupleFor[Index]:=Index
9. endfor
10. *输出消息
11. disp_message(WindowHandle,'我执行了:'+tupleFor[Index-1],'window',
    12,12,'black','true')
```

（程序见：\随书代码\项目 2 Halcon 软件编程基础知识\2-13for 语句.hdev）

程序运行结果如图 2-48 所示。

3. while 循环语句

在 while 循环语句中，只要条件为真，就一直循环执行，直到条件不满足后退出。其结构如下：

    while（条件）
    * 循环体
    endwhile

图 2-48　for 循环语句运行结果

【案例 2-14】 while 语句，程序如下。

```
1. *创建窗口
2. dev_open_window(0,0,150,150,'white',WindowHandle)
3. *定义条件变量 i
4. i:=0
```

while 语句

```
5. *当i<10时显示消息，否则退出循环
6. while(i<10)
7. disp_message(WindowHandle,i,'window',12+10*i,12+10*i,'black','true')
8. *i增加1
9. i:=i+1
10. endwhile
```

（程序见：\随书代码\项目2 Halcon软件编程基础知识\2-14 while语句.hdev）

程序运行结果如图2-49所示。

图2-49 while循环语句运行结果

【任务实施】

一、理解Halcon软件数据结构并完成表2-1

表2-1 数据结构类型

Halcon软件数据结构类型	图形变量	
	控制变量	

二、查阅资料，完成表2-2

表2-2 数据结构类型的作用

类别	作用
图像	
区域	
亚像素轮廓	

三、画图描述三种程序控制结构

习　题

1. 数字图像（Digital Image）是以_____为基本元素，可以直接用于存储和处理的图像。
2. _____是数字图像的最小单位，数字化后表示范围在_____之内。
3. 根据采样数目及特性的不同可以将数字图像划分为_____、_____和_____。
4. 获取图像的算子为：_____算子，_____输入为文件。
5. 窗口句柄的作用是：_____。
6. Tuple 也称_____，除了可以放置数值，还可以放置_____、_____或_____。
7. if 条件语句在_____情况下执行，Halcon 软件的 if 条件语句要配合_____使用。
8. 查阅资料，理解变量、变量命名、变量赋值、数组操作等概念。

项目 3

图像的变换和校正

知识目标

1. 了解图像产生畸变的形式和原因。
2. 掌握仿射变换的基本操作方法。
3. 掌握透视变换的基本操作方法。

能力目标

1. 会使用 Halcon 软件进行仿射变换。
2. 会使用 Halcon 软件进行透视变换。

素养目标

1. 培养精益求精的职业素养。
2. 培养勇于创新、勤学苦练的工匠精神。

项目导读

在许多工程实际应用中，由于使用工业相机拍摄时可能存在角度偏差，实际获得的图像会与预期的不一致，如在传送带上随意摆放的零件，角度、位置都不一样，又或者得到的图像形状失真，因此在对图像进行分析处理之前，需要对失真的图像进行几何变换，以解决失真的问题。

几何变换是指用数学建模的方法来描述图像位置、大小和形状等变换的方法，不改变图像的拓扑结构，常作为图像预处理，为后续的图像处理、特征提取、目标识别做准备。

项目 3　图像的变换和校正

本项目的思维导图如下：

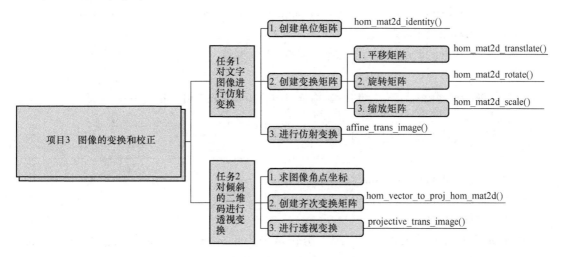

任务 1　对文字图像进行仿射变换

【任务要求】

对图 3-1 所示图像进行仿射变换，实现平移、旋转和缩放。

图 3-1　仿射处理图像

【知识链接】

图像的几何变换常见的形式有平移、旋转和缩放等操作。在 Halcon 软件中通过对应几何变换的算子进行相应的变换操作。

操作步骤如下：

1. 创建单位矩阵

利用 hom_mat2d_identity() 算子创建单位矩阵：将单位矩阵放入控制变量 HomMat2DIdentity 中，便于后续各变换算子的使用。

算子释义：hom_mat2d_identity()— Generate the homogeneous transformation matrix of the identical 2D transformation。

格式：hom_mat2d_identity(：：：HomMat2DIdentity)

参数：HomMat2DIdentity 为 3×3 单位矩阵，HomMat2DIdentity=$\begin{bmatrix} 1 & 0 & 0 \\ 0 & 1 & 0 \\ 0 & 0 & 1 \end{bmatrix}$。

作用：创建一个几何变换矩阵，即单位矩阵。

例：hom_mat2d_identity (HomMat2DIdentity)。

表示：创建一个单位矩阵 HomMat2DIdentity。

2. 选择变换类型算子

平移算子为 hom_mat2d_translate()、旋转算子为 hom_mat2d_rotate()、缩放算子为 hom_mat2d_scale() 或它们的组合变换，设定变换矩阵的参数如下。

算子释义：hom_mat2d_translate()— Add a translation to a homogeneous 2D transformation matrix。

格式：hom_mat2d_translate(：：HomMat2DIdentity, Tx, Ty：HomMat2DTranslate)

参数：HomMat2DIdentity 为单位矩阵；Tx 为 X 行平移量；Ty 为 Y 列平移量；HomMat2DTranslate 为计算得到的平移矩阵。

作用：创建平移矩阵。

例：hom_mat2d_translate (HomMat2DIdentity, 100, 200, HomMat2DTranslate)。

表示：根据单位矩阵 HomMat2DIdentity、行平移量为 100 和列平移量为 200，创建平移矩阵 HomMat2DTranslate。

算子释义：hom_mat2d_rotate()— Add a rotation to a homogeneous 2D transformation matrix。

格式：hom_mat2d_rotate(：：HomMat2DIdentity, Phi, Px, Py：HomMat2DRotate)

参数：HomMat2DIdentity 为单位矩阵；Phi 为旋转的角度（单位：弧度）；Px, Py 为旋转点的坐标（X 行，Y 列）；HomMat2DRotate 为计算得到的旋转矩阵。

作用：创建旋转矩阵。

例：hom_mat2d_rotate (HomMat2DIdentity, 0.78, 50, 60, HomMat2DRotate)。

表示：根据单位矩阵 HomMat2DIdentity、旋转角度为 0.78rad、旋转中心坐标为（50,60），创建旋转矩阵 HomMat2DRotate。

算子释义：hom_mat2d_scale() — Add a scaling to a homogeneous 2D transformation matrix。

格式：hom_mat2d_scale(: : HomMat2DIdentity, Sx, Sy, Px, Py : HomMat2DScale)

参数：HomMat2DIdentity 为单位矩阵；Sx 为 X 方向的缩放比例；Sy 为 Y 方向的缩放比例；Px, Py 为缩放点的坐标（X 行，Y 列）。

作用：创建缩放矩阵。

例：hom_mat2d_scale (HomMat2DIdentity, 1, 2, 0, 0, HomMat2DScale)。

表示：根据单位矩阵 HomMat2DIdentity、X 向缩放比例为 1，Y 向缩放比例为 2，缩放中心坐标为（0,0），创建旋转矩阵 HomMat2DScale。

3. 利用几何变换算子 affine_trans_image() 进行几何变换

算子释义：affine_trans_image()— Apply an arbitrary affine 2D transformation to images。

格式：affine_trans_image(Image : ImageAffineTrans : HomMat2D, Interpolation, AdaptImageSize :)

参数：Image 为几何变换前的图像变量；ImageAffineTrans 为几何变换后的图像变量；HomMat2D 为变换矩阵；Interpolation 为插值类型；AdaptImageSize 为自动调节输出图像大小（True：调整目标图像大小，右边缘或下边缘不裁剪，False：目标图像的大小与输入图像的大小相同。默认值为 False）。

作用：进行几何变换。

例：affine_trans_image (Image, ImageAffineTrans, HomMat2DScale, 'constant ', 'false')。

表示：将图像变量 Image 中的图像，根据仿射变换矩阵 HomMat2DScale 进行变换，插值为双线性插值，图像大小与原图像一样，放入图像变量 ImageAffineTrans 中。

【任务实施】

（程序见：\随书代码\项目3 图像的变换和校正\3-1 对文字图像进行仿射变换.hdev）

1）读取图像并初始化，程序如下：

```
1.  *关闭窗口
2.  read_image(Image,'machine vision.jpg')
3.  *获取图像大小
4.  get_image_size(Image,Width,Height)
5.  *创建新的图像窗口，大小和图像一致
6.  dev_open_window(0,0,Width,Height,'black',WindowHandle)
7.  *显示、读取图像，如图 3-2a 所示
8.  dev_display(Image)
```

平移、旋转和缩放图像

2）仿射变换，程序如下：

```
9.  *定义单位矩阵。（第一步）
10. hom_mat2d_identity(HomMat2DIdentity)
```

061

11. *设定平移矩阵。(第二步)
12. hom_mat2d_translate(HomMat2DIdentity,64,64,HomMat2DTranslate)
13. *进行平移操作,如图3-2b所示。(第三步)
14. affine_trans_image(Image,ImageAffineTrans,HomMat2DTranslate,'constant','false')
15. *获得图像中心(设为旋转点,也可以选择其他点)
16. area_center(Image,Area,Row,Column)
17. *设定旋转矩阵,进行旋转操作,如图3-2c所示
18. hom_mat2d_rotate(HomMat2DIdentity,0.78,Row,Column,HomMat2DRotate)
19. affine_trans_image(Image,ImageAffineTrans1,HomMat2DRotate,'constant','false')
20. *设定缩放矩阵,进行缩放操作,如图3-2d所示
21. hom_mat2d_scale(HomMat2DIdentity,0.5,0.5,Column,Row,HomMat2DScale)
22. affine_trans_image(Image,ImageAffineTrans2,HomMat2DScale,'constant','false')

a) 原图

b) 平移

c) 旋转

d) 缩放

图 3-2 几何变换

任务2　对倾斜的二维码进行透视变换

【任务要求】

利用透视变换对图 3-3 所示倾斜的二维码进行校正，并识别二维码信息。

图 3-3　倾斜的二维码

【知识链接】

获取的图像如果发生倾斜，可以采用透视变换对其校正，透视变换也称投影变换，是在三维空间上的变换。透视变换可以通过 hom_vector_to_proj_hom_mat2d() 算子与 projective_trans_image() 算子的结合实现。

算子释义：hom_vector_to_proj_hom_mat2d()—— Compute a homogeneous transformation matrix using given point correspondences。

格式：hom_vector_to_proj_hom_mat2d(: : Px, Py, Pw, Qx, Qy, Qw, Method : HomMat2D)

参数：Px, Py, Pw 为原图像角点坐标；Qx, Qy, Qw 为变换后对应角点坐标；Method 为如果 Pw 或 Qw 不为 0，那么选择 'normalized_dlt'，如果为 0，那么选择 "dlt"；HomMat2D 为生成的齐次变换矩阵。

作用：计算生成齐次变换矩阵。

例：hom_vector_to_proj_hom_mat2d ([130,225,290,63], [101,96,289,269],[1,1,1,1],[70,270,270,70],[100,100,300,300],[1,1,1,1], 'normalized_dlt ', HomMat2D)。

表示：根据原图像的四个角点坐标 Px[130,225,290,63]，Py[101,96,289,269]，Pz[1,1,1,1]，变换后对应角点坐标 Qx[70,270,270,70]，Qy[100,100,300,300]，Qz[1,1,1,1]，建立齐次变换矩阵放入变量 HomMat2D 中。原图像角点坐标为（130, 101,1）、（225,96,1）、（290, 289,1）、（63,269,1），变换后角点坐标为（70, 100,1）、（270, 100,1）、（270, 300,1）、（70,300,1）。

透视变换的操作步骤如下：

1）求出图像的角点坐标，根据需要变换的区域使用〈Ctrl+鼠标左键〉，查看原图像坐标，然后将四个角点的"行"坐标放入一个数组，"列"坐标放入一个数组。

2）利用 hom_vector_to_proj_hom_mat2d() 算子，根据四个角点和变换后矩形的四个角点坐标点创建齐次变换矩阵。

3）利用 projective_trans_image() 算子根据变换矩阵对倾斜的图像进行校正。

【任务实施】

（程序见：\随书代码\项目3 图像的变换和校正\3-2 对倾斜的二维码进行透视变换.hdev）

1）读取图像并初始化，程序如下：

```
1. *获取图像
2. read_image(Image,'datacode/ecc200/ecc200_
   to_preprocess_001')
3. *关闭窗口
4. dev_close_window()
5. *创建一个窗口，大小和图像尺寸一致
6. dev_open_window_fit_image(Image,0,0,-1,-1,WindowHandle)
7. *初始化坐标，利用鼠标查看原图像四个角点的坐标，X 放置"行"坐标，Y 放置"列"坐标
8. XCoordCorners := [130,225,290,63]
9. YCoordCorners := [101,96,289,269]
```

校正、识别倾斜的二维码

2）透视变换，程序如下：

```
10. *第一步：使用四个角点的坐标和边长为 200mm 正方形的对应角点生成一个齐次变换矩阵
    homMat2D
11. hom_vector_to_proj_hom_mat2d(XCoordCorners,YCoordCorners,[1,1,1,1],
    [70,270,270,70],[100,100,300,300],[1,1,1,1],'normalized_dlt',Hom-
    Mat2D)
12. *第二步：利用透视变换对倾斜图像进行校正，结果如图 3-4 所示
13. projective_trans_image(Image,Image_rectified,HomMat2D,'bilinear',
    'false','false')
14. dev_display(Image)
15. dev_display(Image_rectified)
```

3）二维码识别，程序如下：

```
16. *第一步：创建二维码模板并在校正后的图像中搜索*数据代码
17. *注意：要根据二维码的类型选择对应的参数
18. create_data_code_2d_model('Data Matrix ECC 200',[],[],DataCodeHandle)
19. *第二步：检测读取二维码
20. find_data_code_2d(Image_rectified,SymbolXLDs,DataCode-
    Handle,[],[],ResultHandles,DecodedDataStrings)
```

4）显示结果，程序如下：

```
21. *显示结果
22. dev_display(SymbolXLDs)
23. *显示二维码信息、结果如图3-5所示
24. disp_message(WindowHandle,DecodedDataStrings,'window',12,12,
    'black','true')
```

图3-4 校正后的二维码图像

图3-5 二维码识别结果

习　　题

1. 几何变换是指用_____方法来描述图像_____、_____和_____等变换的方法。
2. 图像的几何变换常见的形式有_____、_____和_____等操作。
3. 简述仿射变换的基本步骤。
_____
_____
_____

4. 透视变换应用在什么场合？
_____
_____

5. 查阅资料，分析图像产生畸变的原因。
_____
_____
_____

6. 程序阅读，为程序添加注释。

```
1.  dev_close_window()
2.  gen_image_gray_ramp(Gray,0,0,128,8,8,32,32)
3.  dev_open_window(0,0,512,512,'black',WindowID)
4.  Row := 2
5.  Col := 2
6.  set_grayval(Gray,Row,Col,255)
7.  dev_display(Gray)
8.  for Trans := 0 to 29 by 1
9.      hom_mat2d_identity(HomMat2DIdentity)
10.     hom_mat2d_translate(HomMat2DIdentity,Trans,Trans,HomMat2DTranslate)
11.     affine_trans_image(Gray,ImageRotate,HomMat2DTranslate,'constant','false')
12. endfor
```

项目 4

图像滤波

知识目标

1. 熟悉图像滤波的概念，了解滤波的作用和原理。
2. 掌握常用的滤波算子，会根据现场图像噪声选择合适的滤波算子。

能力目标

1. 了解图像噪声产生的原因。
2. 能够掌握基本的图像滤波操作方法。

素养目标

1. 培养精益求精的工匠精神。
2. 增强团队协作意识。

项目导读

图像滤波可以在尽量保留图像细节特征的前提下，去除或减弱目标图像的噪声，增强目标图像的对比度或改善检测边缘，是图像预处理中不可缺少的操作。企业现场除了稳定的工作环境外，还有许多变化的场景，图像的稳定性不能得到保证，获取的图像还携带了一定的噪声。常见图像噪声主要有高斯噪声、泊松噪声、乘性噪声、椒盐噪声四种类型，其处理效果的好坏将直接影响到后续图像处理和分析的有效性、可靠性，也用作动态阈值分割的预处理操作。滤波算法还为形态学算子提供前置算法处理工作。滤波算法是通过一定的规则修改图像的像素值，常用的滤波主要有均值滤波、中值滤波和高斯滤波。

本项目的思维导图如下：

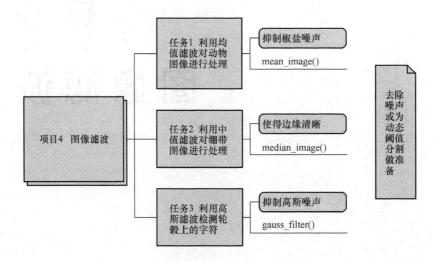

任务 1　利用均值滤波对动物图像进行处理

【任务要求】

对图 4-1 所示动物图像进行均值滤波操作，调整滤波算子参数，观察滤波效果。

【知识链接】

均值滤波是一种线性平滑滤波，其原理将一个已设定大小的窗口（也称结构算子）作为滤波器，从图像的左上角第一个像素开始，自左向右、自上向下滑过，将窗口遮挡住的图像像素邻域的灰度值相加取平均值，然后将当前坐标的像素值修改为这个平均的灰度值。窗口（大小可以是 3×3 像素，5×5 像素等）一般为奇数像素尺寸的正方形，可以保证中心像素处于滤波器中间，默认值为 9×9 像素。该窗口的具体数值在操作的过程中需要测量来确定。原图像如图 4-2a 所示，假如采用 3×3 像素的矩形模板，如图 4-2b 所示，求出模板覆盖的像素点的平均值：(72+125+52+102+142+24+84+29+142)/9 像素 =86 像素，然后用"86"替代原图像中灰度值"142"，得到结果如图 4-2c 所示。

图 4-1　动物图像

均值滤波在去除噪声的同时，会使图像变得模糊，模板越大图像越模糊，特别是区域边缘处，主要用在图像噪声较为突出的场合，也常用作动态阈值分割（局部阈值分割）的预处理操作。滤波算法还为形态学算子提供前置算法处理工作。均值滤波可以有效地去除椒盐噪声。均值滤波的算子为 mean_image()。

72	125	52	78	45	44	48	43	56	75	41	52	102
102	142	24	26	65	57	39	148	129	168	162	172	75
84	29	142	74	56	171	62	84	49	130	137	106	125
64	83	144	99	78	134	150	29	31	45	43	59	138
98	104	111	149	187	135	148	135	174	164	102	54	102
87	86	158	45	98	170	46	100	80	75	120	120	126
76	134	68	78	94	78	84	82	88	88	87	106	100
78	120	66	88	92	176	70	82	110	140	109	88	174
50	148	58	188	110	36	103	102	70	86	100	184	115
162	86	25	23	26	26	20	54	67	160	103	86	96
82	156	158	96	166	79	94	110	128	28	121	78	37
116	48	175	62	26	28	2	9	135	155	190	1	1
99	74	50	135	135	124	152	156	163	178	35	146	140

a) 原图

72	125	52
102	142	24
84	29	142

b) 滤波器模板

72	125	52	78	45	44	48	43	56	75	41	52	102
102	86	24	26	65	57	39	148	129	168	162	172	75
84	29	142	74	56	171	62	84	49	130	137	106	125
64	83	144	99	78	134	150	29	31	45	43	59	138
98	104	111	149	187	135	148	135	174	164	102	54	102
87	86	158	45	98	170	46	100	80	75	120	120	126
76	134	68	78	94	78	84	82	88	88	87	106	100
78	120	66	88	92	176	70	82	110	140	109	88	174
50	148	58	188	110	36	103	102	70	86	100	184	115
162	86	25	23	26	26	20	54	67	160	103	86	96
82	156	158	96	166	79	94	110	128	28	121	78	37
116	48	175	62	26	28	2	9	135	155	190	1	1
99	74	50	135	135	124	152	156	163	178	35	146	140

c) 替换

图 4-2 均值滤波示意图

算子释义：mean_image()— Smooth by averaging。

格式：mean_image(Image : ImageMean : MaskWidth, MaskHeight :)

参数：Image 为原图像；ImageMean 为滤波后图像；MaskWidth, MaskHeight 为掩码窗口的宽度和高度。

作用：创建一个均值滤波器对图像进行滤波处理。

例：mean_image (Image, ImageMean, 9, 9)。

表示：对图像变量 Image 中的图像进行均值滤波，掩码窗口大小为 9×9 像素，滤波后图像存放图像变量 ImageMean 中。

【任务实施】

（程序见：\ 随书代码 \ 项目 4 图像滤波 \4-1 对 Monkey 图像进行均值滤波处理 .hdev）

1）读取图像并初始化，程序如下：

```
读取图像，如图 4-3a 所示
read_image(Image,'monkey.png')
* 关闭当前窗口
dev_close_window()
* 获取图像大小
get_image_size(Image,Width,Height)
* 创建新的窗口和图像一样大小
dev_open_window(0,0,Width,Height,'black',WindowHandle)
* 显示图像
dev_display(Image)
```

均值滤波
动物图像

2）均值滤波操作，程序如下：

```
11. *添加椒盐噪声，(为测试用，不是必须添加噪声)，如图4-3b所示
12. add_noise_white(Image,ImageNoise1,60)
13. *均值滤波，边长为9像素的正方形，如图4-3c所示
14. mean_image(Image,ImageMean1,9,9)
15. *均值滤波，边长为3像素的正方形，如图4-3d所示
16. mean_image(Image,ImageMean,3,3)
```

3）显示结果，程序如下：

```
17. *显示图像
18. dev_display(ImageMean)
```

从图中可以看出边长为3像素的图像质量要优于边长为9像素的质量。

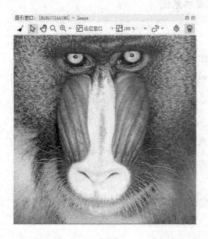

a) 原图

b) 噪声图像

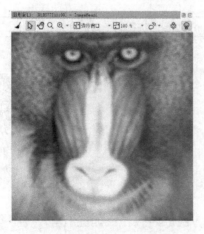

c) 均值滤波边长为9像素

d) 均值滤波边长为3像素

图 4-3　均值滤波

任务 2 利用中值滤波对绷带图像进行处理

【任务要求】

对图 4-4 所示的绷带图像进行中值滤波操作,调整滤波算子参数,观察滤波效果。

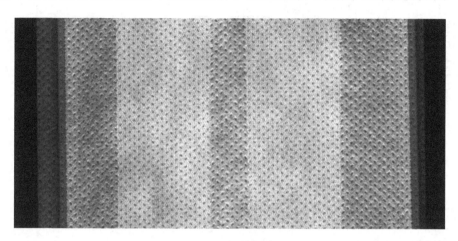

图 4-4 绷带图像

【知识链接】

中值滤波是一种非线性平滑滤波,它可将窗口所覆盖的像素点的所有灰度值进行排序,选择中间值作为当前像素点的灰度值,从图像的左上角第一个像素开始,自左向右、自上向下滑过,将窗口遮挡住的图像像素的灰度值排序取中值,然后将当前坐标的像素值修改为中值。中值滤波可以用于平滑图像,抑制小于掩码的对象,去除一些孤立的噪声,能保留大部分边缘信息。窗口可以为圆形或方形。中值滤波可以让边缘更清晰,其算子为:median_image()。

> 算子释义:median_image() — Compute a median filter with various masks。
> 格式:median_image(Image : ImageMedian : MaskType, Radius, Margin :)
> 参数:Image 为原图像;ImageMean 为滤波后图像;MaskType 为滤波器形状:默认为圆形 'circle',还有方形 'square';Radius 为圆形时为"半径",方形时为"边长";Margin 为边缘处理。
> 作用:创建一个中值滤波器对图像进行滤波处理。

例:median_image (Image, ImageMedian, 'circle ', 2, 'mirrored ')。

表示:利用半径为"2 像素"的圆形掩码窗口对图像变量 Image 中的图像进行滤波,边界处理方式为"mirrored",滤波后图像存入图像变量 ImageMedian 中。

中值滤波原理:原图如图 4-5a 所示,首先选择滤波器,如选择 3×3 像素的矩形滤波器,图 4-5b 所示,再将滤波器覆盖的 9 像素点的灰度值排序,(24,29,52,72,84,102,125,142,142),选择中间值"84"替换当前像素点的值"142",最后得到结果如图 4-5c 所示。

a) 原图　　　　　　　　b) 滤波器　　　　　　　c) 滤波后

图 4-5　中值滤波示意图

【任务实施】

（程序见：\ 随书代码 \ 项目 4 图像滤波 \4-2 对绷带图像进行中值滤波处理 .hdev）

1）读取图像并初始化，程序如下：

```
1.  *读取图像，如图 4-6 所示
2.  read_image(Image,'bengdai')
3.  *获取图像尺寸
4.  get_image_size(Image,Width,Height)
5.  *关闭窗口
6.  dev_close_window()
7.  *新建一个和图像大小一致的窗口
8.  dev_open_window_fit_size(0,0,Width,Height,
       -1,-1,WindowHandle)
9.  *将彩色图像转为灰度图像
10. rgb1_to_gray(Image,GrayImage)
11. *显示图像
12. dev_display(GrayImage)
```

均值滤波绷带图像

2）图像中值滤波，程序如下：

```
13. *对图像增强，如图 4-7 所示
14. emphasize(GrayImage,ImageEmphasize,Width,Height,20)
15. *中值滤波，如图 4-8 所示
16. median_image(ImageEmphasize,ImageMedian,'circle',6,'mirrored')
17. *均值滤波，如图 4-9 所示
18. mean_image(ImageEmphasize,ImageMean,5,58)
```

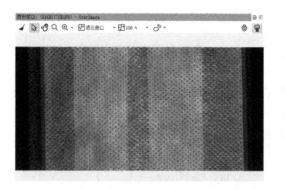

图 4-6 绷带

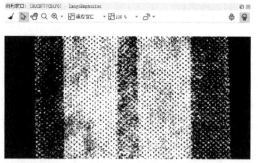

图 4-7 图像增强

图 4-8 中值滤波

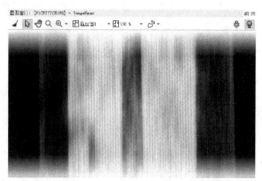

图 4-9 均值滤波

任务 3 利用高斯滤波检测轮毂上的字符

【任务要求】

对图 4-10 所示轮毂图像进行高斯滤波操作，检测出字符，并利用仿射变换将字符校正。

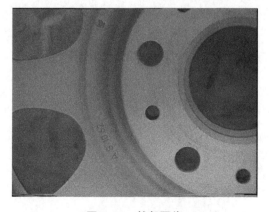

图 4-10 轮毂图像

【知识链接】

高斯滤波就是对整幅图像进行加权平均的过程，每一个像素点的值都由其本身和邻域内的其他像素值经过加权平均后得到。高斯滤波的具体操作是：用一个模板（或称卷积、掩模）扫描图像中的每一个像素，用模板确定的邻域内像素的加权平均灰度值替代模板中心像素点的值。高斯平滑也是利用邻域像素加权平均值对图像进行平滑的一种方法。高斯平滑与简单平滑不同，它在对邻域内的像素进行平均时，给予不同位置的像素不同的权值。

算子释义：gauss_filter()——Smooth using discrete Gauss functions。
格式：gauss_filter(Image : ImageGauss : Size :)
参数：Image 为滤波图像；ImageGauss 为存放滤波后图像；Size 为滤波器尺寸，只能取 3 像素、5 像素、7 像素、9 像素、11 像素这五个值。
作用：对图像进行高斯滤波处理。

例：gauss_filter (Image, ImageGauss, 5)。
表示：对图像变量 Image 中的图像进行高斯滤波，滤波器尺寸为 5 像素，滤波后图像放入图像变量 ImageGauss 中。

【任务实施】

（程序见：\随书代码\项目 4 图像滤波\4-3 利用高斯滤波检测轮毂上的字符.hdev）

1）读取图像并初始化，程序如下：

```
1.  *读取图像，如图 4-11 所示
2.  read_image(Rim,'rim')
3.  *获取图像尺寸
4.  get_image_size(Rim,Width,Height)
5.  *关闭窗口
6.  dev_close_window()
7.  *打开 2/3 大小的窗口
8.  dev_open_window(0,800,Width*2/3,Height*2/3,'black',WindowHandle)
9.  *显示图像
10. dev_display(Rim)
```

高斯滤波获取轮毂上的字符

2）先进行高斯滤波，再进行动态阈值分割，程序如下：

```
11. *高斯滤波，如图 4-12 所示
12. gauss_filter(Rim,ImageGauss,11)
13. *动态阈值分割，如图 4-13 所示
14. dyn_threshold(Rim,ImageGauss,RegionDynThresh,5,'dark')
15. *连通域处理，打断区域，如图 4-14 所示
16. connection(RegionDynThresh,ConnectedRegions)
```

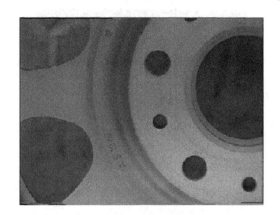

图 4-11 轮毂

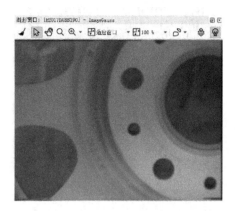

图 4-12 高斯滤波

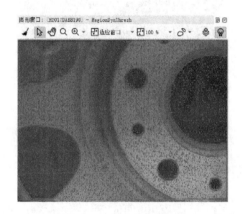

图 4-13 动态阈值分割

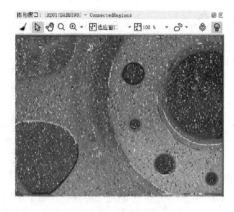

图 4-14 连通域处理

3）特征选择，程序如下：

```
17. *利用特征直方图选出字符"AS1062"，如图 4-15 所示
18. select_shape(ConnectedRegions,SelectedRegions,'area','and',40,150)
19. select_shape(SelectedRegions,SelectedRegions1,['row','column'],
    'and',[346.87,92.01],[1000,333.1])
20. *将字符合并成一个区域
21. union1(SelectedRegions1,RegionUnion)
22. *对字符进行闭运算，连接到一起，如图 4-16 所示
23. closing_circle(RegionUnion,RegionClosing,19.5)
24. *获取最小外接矩形，以及相关参数，即中心坐标、角度和半轴长度，如图 4-17 所示
25. smallest_rectangle2(RegionClosing,Row,Column,Phi,Length1,Length2)
26. *绘制最小外接矩形，如图 4-18 所示
27. gen_rectangle2(Rectangle,Row,Column,Phi,Length1,Length2)
```

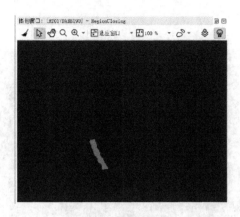

图 4-15 特征选择　　　　　　　　图 4-16 闭运算

控制变量	
Width	768
Height	576
WindowHandle	H2017DABB190 (window)
Row	407.177
Column	296.576
Phi	-1.11535
Length1	59.4279
Length2	12.5546
HomMat2DIdentity	?

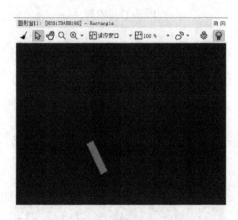

图 4-17 获取最小外接矩形的参数　　　图 4-18 绘制最小外接矩形

4）对字符进行仿射变换，程序如下：

```
28. *创建单位矩阵
29. hom_mat2d_identity(HomMat2DIdentity)
30. *创建旋转矩阵
31. hom_mat2d_rotate(HomMat2DIdentity,rad(180)-Phi,Column,Row,
    HomMat2DRotate)
32. *区域旋转操作
33. affine_trans_region(RegionUnion,RegionAffineTrans,HomMat2DRo-
    tate,'nearest_neighbor')
34. *旋转图像，如图 4-19 所示
35. affine_trans_image(ImageGauss,ImageAffineTrans,HomMat2DRotate,'con-
    stant','false')
```

5）显示结果，程序如下：

```
36. *显示结果，如图 4-20 所示
37. dev_display(RegionAffineTrans)
```

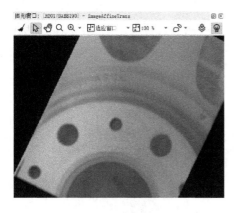
图 4-19 仿射变换

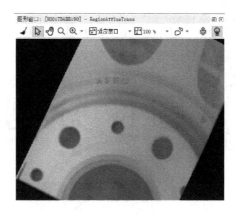
图 4-20 显示结果

习　题

1. 常见的噪声有_____、_____、_____、_____等。
2. 常用的滤波有_____、_____和_____。
3. 对比中值滤波和均值滤波，二者的区别是什么？
_____
_____
_____

4. 查阅资料，了解噪声产生的原因和去除噪声的方法。
_____
_____
_____

5. 查阅资料，熟悉工业相机的类型。
_____

6. 程序阅读，为程序添加注释。

```
1.  read_image(Image,'circle_plate')
2.  get_image_size(Image,Width,Height)
3.  dev_close_window()
4.  dev_display(Image)
5.  mean_image(Image,ImageMeanRect,31,31)
6.  dev_display(ImageMeanRect)
7.  gen_mean_filter(MeanFilter,'ellipse',34.97975,34.97975,0,'n','rft',
    Width,Height)
8.  rft_generic(Image,ImageFFT,'to_freq','none','complex',Width)
9.  convol_fft(ImageFFT,MeanFilter,ImageConvol)
10. rft_generic(ImageConvol,ImageMeanCirc,'from_freq','none','byte',Width)
11. dev_display(ImageMeanCirc)
```

项目 5
图像分割

知识目标
1. 理解图像分割的概念和作用。
2. 了解几种图像分割的方法和应用场合。
3. 掌握阈值分割算子参数的选择方法。

能力目标
1. 学会使用灰度直方图工具进行阈值分割。
2. 会用普通阈值分割图像。

素养目标
1. 养成刻苦钻研的职业素养。
2. 提升创新能力。

项目导读

在处理图像时,有时候图像包含的信息量很多,大小甚至以 GB 为单位,而用户需要关注的信息只是其中部分区域。这时候就需要一个工具能够把用户感兴趣的区域从图像中分离出来。这种基于区域分割的技术称为**图像分割**。它是由图像处理到图像分析的关键步骤。现有的图像分割方法主要分为:基于阈值的分割方法、基于区域的分割方法、分水岭算法的分割方法以及基于特定理论的分割方法等。

项目5 图像分割

本项目的思维导图如下。

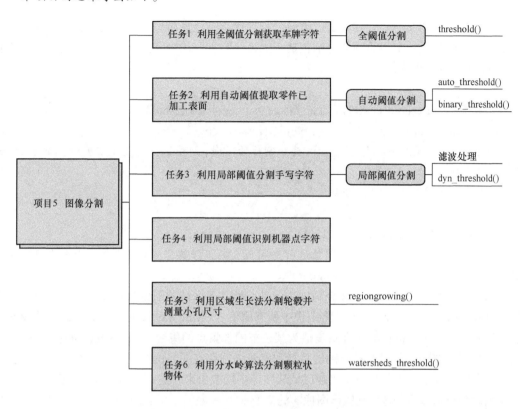

任务1 利用全阈值分割获取车牌字符

【任务要求】

如图 5-1 所示,利用全阈值分割获取车牌字符。

图 5-1 车牌

【知识链接】

阈值分割算法的关键是确定阈值。阈值分割的优点是计算简单、速度快，在运算效率要求高的场合，应用广泛。常用的阈值分割包括全阈值分割、自动阈值分割、局部阈值分割。阈值分割的基础算子为：threshold()。

> 算子释义：threshold()——Segment an image using global threshold。
> 格式：threshold(Image : Region : MinGray, MaxGray :)
> 参数：Image 为输入图像；Region 为分割后的区域；MinGray 为最小灰度值；MaxGray 为最大灰度值。
> 作用：对图像进行全阈值分割。

例：threshold (Image,Region,128,255)。

表示：对图像变量 Image 中的图像进行全阈值分割，保留像素值在 128～255 范围的像素点形成新的区域，存放在图像变量 Region 中。

全阈值分割是一种常用的图像分割方法，是一种基于区域的图像分割技术，通过设置合适的阈值范围（MinGray, MaxGray），将图像中所有阈值 g（MinGray ≤ g ≤ MaxGray）的像素点提取出来，形成一个新的区域（即灰度值为某一范围像素点的集合），其中 MinGray、MaxGray 可以根据需要调整大小，只要被分割的目标和背景之间存在明显的灰度差时，都可以使用全阈值分割。全阈值分割的作用是将感兴趣区域从图像中提取出来，进一步缩小处理范围。

全阈值分割从输入图像 f 到输出图像 g 的变换如下：

$$g(i,j) = \begin{cases} 1 & T_{\min} \leq f(i,j) \leq T_{\max} \\ 0 & f(i,j) \leq T_{\min}, T_{\max} \leq f(i,j) \end{cases}$$

式中，$T_{\min}$ 为最小阈值；$T_{\max}$ 为最大阈值。

目标的图像元素即选中的图像元素 $g(i,j)=1$，背景的图像元素 $g(i,j)=0$。

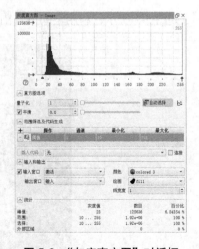

利用灰度直方图工具进行阈值分割时，全阈值分割是常用的方法，主要对象为灰度图像，单击工具栏上"灰度直方图"按钮，将会弹出"灰度直方图"对话框，如图 5-2 所示，单击"阈值"开关，使之变成，如果是彩色图像，选择合适的通道 1、2、3，然后在直方图区域用鼠标拖动"绿色"的线和"红色"的线，观察图像窗口，手工选择合适的阈值范围，"绿色"代表 $T_{\min}$，"红色"代表 $T_{\max}$，"颜色"选项用于使用某种颜色来显示选中的像素点，"绘画"选项有 "fill" 填充状态和 "margin" 显示边缘状态，单击"插入代码"按钮，将向程序窗口中光标处输出一行代码：

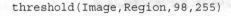

图 5-2 "灰度直方图"对话框

代码表示：对图像变量 Image 进行全阈值分割操作，操作的结果为将灰度值在 98～255 范围的像素点分割出来存放在 Region 中，98 与 255 是选择确定的，是动态值。

如图 5-3 所示，原图经过全阈值分割后，选择 [98,255] 即白色部分，结果如图 5-4 所示。

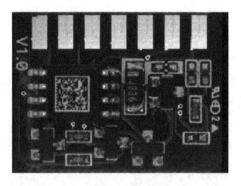 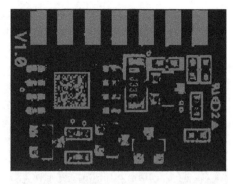

图 5-3　原图　　　　　　　　　图 5-4　全阈值分割后选择 [98,255] 的结果

【任务实施】

（程序见:\ 随书代码 \ 项目 5 图像分割 \5-1 利用全阈值分割车牌字符 .hdev）

1）读取图像并初始化，程序如下：

```
1. *读取图像
2. read_image(Audi2,'audi2')
3. *获取图像尺寸
4. get_image_size(Audi2,Width,Height)
5. dev_close_window()
6. *新建一个窗口
7. dev_open_window(0,0,Width/2,Height/2,'black',WindowHandle)
8. *显示图像，如图 5-5 所示
9. dev_display(Audi2)
```

全阈值分割
车牌字符

图 5-5　车牌图像

2）对图像进行全阈值分割，程序如下：

```
10. *全阈值分割图像，灰度值在 0~90 之间，利用灰度直方图工具，效果如图 5-6 所示
11. threshold(Audi2,Region,0,90)
12. *连通域处理，打断成不连续的单个小区域，每个小区域称为特征，效果如图 5-7 所示
13. connection(Region,ConnectedRegions)
```

图 5-6　全阈值分割

图 5-7　特征选择

连通域处理的目的是将离散的像素点，根据连接情况进行分割，连在一起的组合成小区域，有利于利用"特征选择"工具进一步筛选这些特征，缩小图像处理范围。

提示：一般在"阈值分割"threshold() 后，接着就做"连通域处理"connection() 操作。

3）特征选择，程序如下：

```
14. *特征选择 width 在 30~70 范围的特征，放入 SelectedRegions 变量中
15. select_shape(ConnectedRegions,SelectedRegions,'width','and',30,70)
16. *特征选择 height 在 60~110 范围的特征，放入 Letters 变量中
17. select_shape(SelectedRegions,Letters,'height','and',60,110)
```

4）显示结果，程序如下：

```
18. *清屏，重新显示结果，如图 5-8 所示
19. dev_clear_window()
20. dev_display(Audi2)
21. dev_display(Letters)
```

图 5-8　处理结果

任务 2　利用自动阈值提取零件已加工表面

【任务要求】

如图 5-9 所示,利用自动阈值分割获取零件已加工表面。

【知识链接】

全阈值分割仅在目标对象和背景的灰度值有明显区分度时效果较好,手动设定阈值不够严谨,人眼对灰度值的变化并不十分敏感,随着后续计算的增加,将带来误差,特别是在处理连续图像时,图像的灰度值是变化的,固定的阈值更容易造成误差。因此,可以采用自动阈值分割法,该方法以图像的灰度直方图为依据,综合考虑了像素邻域以及图像整体灰度分布等特征关系,以经过灰度分类的像素类群之间产生最大方差时的灰度值作为图像的整体分割阈值。自动阈值分割常用的算子为:auto_threshold() 和 binary_threshold()。

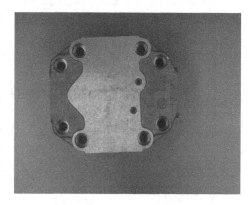

图 5-9　已加工零件表面

> 算子释义:auto_threshold()—Segment an image using thresholds determined from its histogram。
> 格式:auto_threshold(Image : Regions : Sigma :)
> 参数:Image 为输入图像;Regions 为分割后的区域;Sigma 为对灰度直方图高斯平滑系数。
> 作用:使用直方图对图像进行全阈值分割。

例:auto_threshold (Image, Regions, 2)。
表示:对图像变量 Image 中的图像进行多个区域的分割,高斯平滑系数为"2",分割后的结果存放到图像变量 Regions 中。

> 算子释义:binary_threshold()— Segment an image using binary thresholding。
> 格式:binary_threshold(Image:Region:Method,LightDark:UsedThreshold)
> 参数:Image 为输入图像;Region 为分割后的区域;Method 为 max_separability(可分性), smooth histo(光滑的 histogram 直方图,柱状图);LightDark 为选择白色"light"或者黑色"dark";UsedThreshold 为使用的阈值。
> 作用:对图像进行全阈值分割。

例:binary_threshold (Image, Region, 'max_separability ','dark ', UsedThreshold)。
表示:对图像变量 Image 中的图像进行全阈值分割,选择"黑色",分割后的区域放入图像变量 Region 中。

【任务实施】

（程序见：\随书代码\项目 5 图像分割 \5-2 利用自动阈值提取零件已加工表面 .hdev）

1）读取图像并初始化，程序如下：

自动阈值
提取零件
已加工表面

```
1. *读取图像
2. read_image(Image,'pumpe.png')
3. *获取图像尺寸
4. get_image_size(Image,Width,Height)
5. *关闭当前窗口
6. dev_close_window()
7. *打开一个和图像大小一致的窗口。
8. dev_open_window(0,0,Width,Height,'black',WindowHandle)
9. *显示图像，如图 5-10 所示
10. dev_display(Image)
```

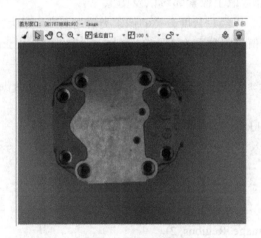

图 5-10　读取图像

2）动态阈值分割，程序如下：

```
11. *因为金属表面像素值比较接近，所以需进行图像增强，如图 5-11 所示
12. emphasize(ImageScaleMax,ImageEmphasize,28,28,2)
13. *动态阈值分割，因为灰度直方图不呈二值化分布，人工分割确定阈值困难，所以采用动态
    分割，如图 5-12 所示
14. binary_threshold(ImageEmphasize,Region,'max_separability','light',
    UsedThreshold)
15. *连通域处理，如图 5-13 所示
16. connection(Region,ConnectedRegions)
17. *闭运算，如图 5-14 所示
18. closing_circle(ConnectedRegions,RegionClosing,25.5)
```

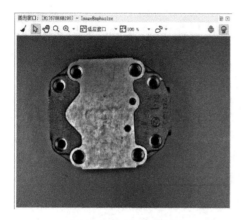

图 5-11　图像增强

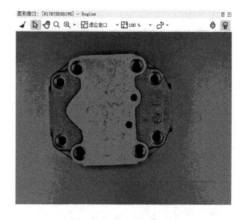

图 5-12　自动阈值分割

图 5-13　连通域处理

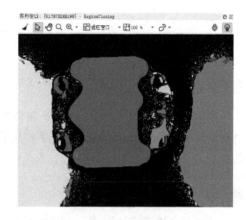

图 5-14　闭运算

3）特征选择，程序如下：

```
19. *特征选择，如图 5-15 所示
20. select_shape(RegionClosing,SelectedRegions,'area','and',
    48396.3,100000)
21. *区域裁剪
22. reduce_domain(ImageEmphasize,SelectedRegions,ImageReduced)
```

4）显示结果，程序如下：

```
23. *清屏
24. dev_clear_window()
25. *显示提取区域，如图 5-16 所示
26. dev_display(ImageReduced)
```

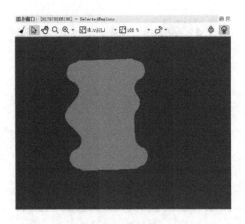

图 5-15 特征选择

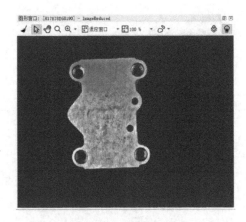

图 5-16 提取区域结果

任务 3　利用局部阈值分割手写字符

【任务要求】

如图 5-17 所示,手写字符的前景和背景难以用单一阈值分割,可利用局部阈值分割将字符从背景中区分出来。

【知识链接】

受光线等环境因素的影响,有时候图像的背景较复杂,前景和背景的灰度值交错,无法用单一灰度进行分割,这时候可以采用局部阈值分割进行处理。局部阈值分割也称动态阈值分割,其算子为:dyn_threshold()。

图 5-17 手写字符

算子释义:dyn_threshold()—— Segment an image using a local threshold。

格式:dyn_threshold(OrigImage, ThresholdImage : RegionDynThresh : Offset, LightDark :)

参数:OrigImage 为原图像;ThresholdImage 为滤波后图像(参考图),可以通过 mean_image、binomial_filter、gauss_filter 等滤波方式处理;RegionDynThresh 为分割后区域;Offset 为灰度差值,默认值为 5,邻域比较的区间范围,灰度值变化在 offset 范围内均是可以接受的,参数 Offset 不要设置为 0,否则将会提取到很多小的噪点区域,一般介于 5~40 最佳,其值越大,提取的区域越小;LightDark 为 "light" 提取相对参考图更亮的区域,"dark" 提取相对参考图更暗的区域,"equal" 选取和参考图差不多的区域,"not_equal" 为不同区域。

作用:使用局部阈值分割图像进行阈值分割。

例：dyn_threshold (Image, ImageMedian, RegionDynThresh, 5, 'light')。

表示：对图像变量 Image 中的图像进行局部阈值分割，根据 ImageMedian 中的滤波图像，分割后的区域放入 RegionDynThresh，灰度变化范围为"5"，选择亮的区域。

提示：在进行 dyn_threshold() 分割之前要先进行滤波处理。

【任务实施】

（程序见：\ 随书代码 \ 项目 5 图像分割 \5-3 利用局部阈值分割手写字符 .hdev）

1）读取图像并初始化，程序如下：

```
1. *读取图像
2. read_image(Image,'alpha.tif')
3. *获取图像尺寸
4. get_image_size(Image,Width,Height)
5. *关闭窗口
6. dev_close_window()
7. *打开一个新的窗口和原图大小一致
8. dev_open_window(0,0,Width,Height,'black',WindowHandle)
9. *显示图像，如图 5-18 所示
10. dev_display(Image)
```

局部阈值分割
手写字符

图 5-18 读取图像

2）滤波后进行局部阈值分割，程序如下：

```
11. *均值滤波，如图 5-19 所示
12. mean_image(Image,ImageMean,21,21)
13. *局部阈值分割，选择黑色"dark"，如图 5-20 所示
14. dyn_threshold(Image,ImageMean,Region,15,'dark')
```

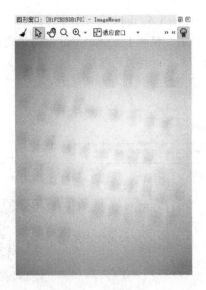

图 5-19 均值滤波

图 5-20 局部阈值分割

3）特征选择，程序如下：

```
15. *闭运算，消除细小斑点，如图 5-21 所示
16. closing_circle(Region,RegionClosing,4.5)
17. *连通域处理，打断成单个小区域
18. connection(RegionClosing,ConnectedRegions)
19. *特征选择，如图 5-22 所示
20. select_shape(ConnectedRegions,SelectedRegions,'area','and',
    80,1000)
```

图 5-21 闭运算

图 5-22 特征选择

4)利用交集法求字符。

```
21. *求选择的区域SelectedRegions与阈值分割区域Region的交集，获取较理想的效果
22. intersection(SelectedRegions,Region,RegionIntersection)
```

5)显示结果，程序如下：

```
23. *显示原图
24. dev_display(Image)
25. *显示最终效果，如图5-23所示
26. dev_display(RegionIntersection)
```

图 5-23　交集运算结果

任务 4　利用局部阈值识别机器点字符

【任务要求】

如图5-24所示，由于机器点字符各点不相连，因此利用局部阈值分割将字符提取出来。

图 5-24　机器点字符

【任务实施】

(程序见:\随书代码\项目 5 图像分割\5-4 利用局部阈值对机器点字符进行识别.hdev)

1)读取图像并初始化,程序如下:

```
1. *读取图像
2. read_image(Image,'number.png')
3. get_image_size(Image,Width,Height)
4. dev_close_window()
5. dev_open_window(0,0,Width,Height,'black',WindowHandle)
6. *显示图像,如图 5-25 所示
7. dev_display(Image)
```

局部阈值识别
机器点字符

图 5-25 读取图像

2)局部阈值分割,程序如下:

```
8. *均值滤波,在局部阈值分割之前,需对图像进行滤波处理
9. mean_image(Image,ImageMean,11,11)
10. *局部阈值分割,如图 5-26 所示
11. dyn_threshold(Image,ImageMean,RegionDynThresh,7,'dark')
12. *连通域处理,打断操作,如图 5-27 所示
13. connection(RegionDynThresh,ConnectedRegions)
```

图 5-26 局部阈值分割

图 5-27 连通域处理

3）特征选择，程序如下：

```
14. *特征选择,如图5-28所示
15. select_shape(ConnectedRegions,SelectedRegions,['area','row'],
    'and',[50,190],[500,480])
16. *将字符连成一个区域
17. union1(SelectedRegions,RegionUnion)
18. *对字符进行闭运算
19. closing_circle(RegionUnion,RegionClosing,3.5)
20. closing_rectangle1(RegionClosing,RegionClosing1,5,7)
21. *转为二值化图像,如图5-29所示
22. region_to_bin(RegionClosing1,BinImage,255,0,Width,Height)
```

 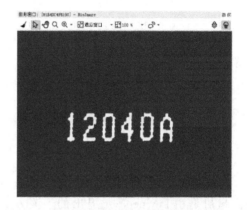

图 5-28　特征选择　　　　　　　　图 5-29　转为二值化图像

4）字符识别，程序如下：

```
23. *创建字符识别模型
24. create_text_model_reader('auto','Document_0-9A-Z_Rej.omc',
    TextModel)
25. *可修改待测试字符参数信息,包括宽度、角度、行数、笔画宽度等
26. find_text(BinImage,TextModel,TextResultID)
27. *获取字符对象
28. get_text_object(Characters,TextResultID,'all_lines')
29. *识别字符结果
30. get_text_result(TextResultID,'class',ResultValue)
31. *获取字符的中心坐标
32. area_center(Characters,Area,Row,Column)
```

5）显示结果，程序如下：

```
33. *在字符中心下方显示识别结果,如图5-30所示
34. dev_disp_text(ResultValue,'image',Row+40,Column,'blue',[],[])
```

图 5-30　识别结果

任务 5　利用区域生长法分割轮毂并测量小孔尺寸

【任务要求】

测量图 5-31 所示轮毂中孔的尺寸的测量。

【知识链接】

区域生长法是一种较早使用的图像分割方法，起初是由 Levine 等人提出的。该方法一般有两种方式，一种是先给定图像中要分割的目标物体内的一个小块或者说种子区域（Seed Point），再在种子区域基础上不断将其周围的像素点以一定的规则加入其中，达到最终将代表该物体的所有像素点结合成一个区域的目的；另一种是先将图像分割成很多的一致性较强（如区域内像素灰度值相同）的小区域，再按一定的规则将小区域合并成大区域，最终达到分割图像的目的。Halcon 软件中区域生长的算子为：regiongrowing()。

图 5-31　轮毂

算子释义：regiongrowing()—— Segment an image using regiongrowing。
格式：regiongrowing(Image : Regions : RasterHeight, RasterWidth, Tolerance, MinSize :)
参数：Image 为输入图像；Regions 为分割后的输出区域；RasterHeight，RasterWidth 为在图像内相邻移动模板的长和宽的大小，一般为奇数；Tolerance 为两个相邻模板中心灰度值差，如果小于这个值就合并为同一区域；MinSize 作为一个限制，限定了用上面方法分割出的区域面积最终不能小于 MinSize 给定的值，否则不作为区域输出。
作用：区域生长法分割图像为区域。

例：regiongrowing(Image, Regions, 13, 13, 6, 100)。

表示：对图像变量 Image 中的图形进行区域增长分割，模板的大小为 13×13 像素，中心灰度差为"6"，分割区域的面积不小于 100 像素。

区域生长法的步骤如下：

1）将图像分割成相同强度的区域，即光栅化成大小为 RasterHeight、RasterWidth 的矩形。对于大于一个像素的矩形，在调用 regiongrowing() 算子之前，通常应该使用至少为 RasterHeight×RasterWidth 的低通滤波器对图像进行平滑处理，这样矩形中心的灰度值就可以代表整个矩形。如果图像噪声小、矩形小，可以省略平滑。

2）使用相邻的两矩形中心点的灰度值差来确定两个矩形是否属于同一区域，如果灰度值差小于或等于给定的公差（Tolerance）值，则将两矩形合并为一个区域。

如果 g_1 和 g_2 是两个相邻区域待检测的灰度值，i 满足下面条件就合并：
$|g_1-g_2|<$Tolerance；对于"cyclic"类型的图像，使用以下公式：

$$(|g_1-g_2|<\text{Tolerance}) \text{ and } (|g_1-g_2| \leq 127)$$
$$(256-|g_1-g_2|<\text{Tolerance}) \text{ and } (|g_1-g_2|>127)$$

由于 Regiongrowing() 算子的运算速度非常快，因此其适用于对时间要求高的应用程序。

【任务实施】

（程序见：\随书代码\项目 5 图像分割\5-5 利用区域生长法分割轮毂并测量小孔尺寸.hdev）

1）读取图像并初始化，程序如下：

```
1. *读取图像
2. read_image(Image,'rim.png')
3. *获取图像尺寸
4. get_image_size(Image,Width,Height)
5. *关闭窗口
6. dev_close_window()
7. *打开新窗口，为图像大小的一半
8. dev_open_window(0,0,Width/2,Height/2,'black',WindowHandle)
9. *显示图像，如图 5-32 所示
10. dev_display(Image)
```

区域生长法分割轮毂并测量小孔尺寸

2）滤波后进行区域生长分割，程序如下：

```
11. *中值滤波，如图 5-33 所示
12. median_rect(Image,ImageMedian,15,15)
13. *区域生长法分割图像，如图 5-34 所示
14. regiongrowing(ImageMedian,Regions,3,3,3,50)
15. *连通域处理，如图 5-35 所示
16. connection(Regions,ConnectedRegions)
17. *填充
18. fill_up(ConnectedRegions,RegionFillUp)
```

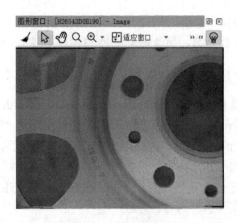

图 5-32　读取图像

图 5-33　中值滤波

图 5-34　区域生长法分割图像

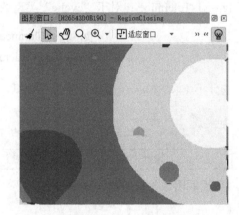

图 5-35　连通域处理

3）特征选择，程序如下：

```
19. *闭运算
20. closing_circle(RegionFillUp,RegionClosing,200.5)
21. *特征选择，如图 5-36 所示
22. select_shape(RegionClosing,SelectedRegions,'area','and',189193,196686)
```

4）裁剪，缩小检测区域，并获取孔的轮廓曲线，程序如下：

```
23. *裁剪，如图 5-37 所示
24. reduce_domain(ImageMedian,SelectedRegions,ImageReduced)
25. *获取 XLD 轮廓，如图 5-38 所示
26. edges_sub_pix(ImageReduced,Edges,'canny',1,20,40)
27. *对 XLD 轮廓进行分割
28. segment_contours_xld(Edges,ContoursSplit,'lines_circles',5,4,2)
29. *共圆拟合曲线
30. union_collinear_contours_xld(ContoursSplit,UnionContours,10,1,2,
    0.1,'attr_keep')
```

图 5-36 特征选择

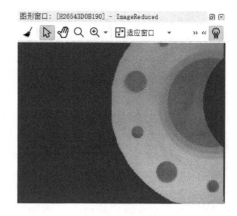
图 5-37 裁剪

5) 对孔的轮廓曲线进行筛选,程序如下:

```
31. *对 XLD 进行特征选择,如图 5-39 所示
32. select_shape_xld(ContoursSplit,SelectedXLD,'area','and',
    1328.35,5000)
33. *计算曲线数量
34. count_obj(SelectedXLD,Number)
35. *对四个曲线按"row"进行排序
36. sort_contours_xld(SelectedXLD,SortedContours,'upper_left',
    'true','row')
37. *显示原图
38. dev_display(Image)
```

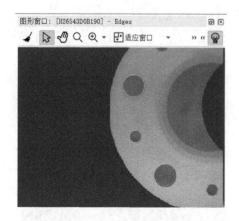
图 5-38 获取 XLD 轮廓

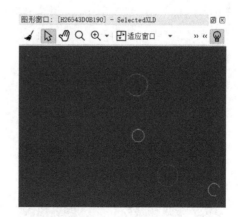
图 5-39 XLD 特征选择

6) 依次检测各个孔的尺寸,程序如下:

```
39. for Index := 1 to Number by 1
40. *依次选择曲线,如图 5-40 所示
```

```
41. select_obj(SortedContours,ObjectSelected,Index)
42. *拟合成圆
43. fit_circle_contour_xld(ObjectSelected,'algebraic',-1,0,0,3,2,
    Row,Column,Radius,StartPhi,EndPhi,PointOrder)
44. *创建圆
45. gen_circle_contour_xld(ContCircle,Row,Column,Radius,0,6.28318,
    'positive',1)
46. *根据圆创建区域,如图5-41所示
47. gen_region_contour_xld(ContCircle,Region,'filled')
```

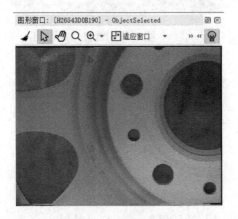

图 5-40 选择曲线

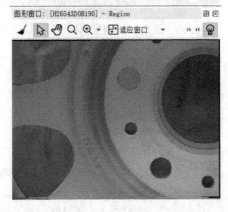

图 5-41 根据圆创建区域

7)显示测量结果,程序如下:

```
48. *显示直径,如图5-42所示
49. disp_message(WindowHandle,Radius,'Image',Row-80,Column,
    'green','true')
50. endfor
```

处理结果如图 5-43 所示。

图 5-42 显示直径

图 5-43 处理结果

任务 6　利用分水岭算法分割颗粒状物体

【任务要求】

用分水岭算法分割图 5-44 所示颗粒状物体。

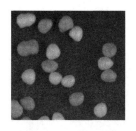

图 5-44　颗粒状物体

【知识链接】

分水岭算法的原理是把图像看作大地测量学上的拓扑地貌，图像中的每一点像素的灰度值表示该点的海拔，高灰度值代表山脉，低灰度值代表盆地，每一个局部极小值及其影响区域称为积水盆地，积水盆地的边界形成分水岭。分水岭分割算子为：watersheds() 和 watersheds_threshold()。

算子释义：watersheds_threshold()—— Extract watershed basins from an image using a threshold。

格式：watersheds_threshold(Image : Basins : Threshold :)

参数：Image 为输入图像，如果前景目标特征较亮，背景较暗，可以在读取图像后使用 invert_image() 算子将图像进行反转，即黑的变亮，亮的变黑；Basins 为分割后的输出区域；Threshold 为分水岭的阈值。

作用：分水岭分割图像。

例：watersheds_threshold (Image, Basins, 10)。

表示：对图像变量 Image 中的图像进行分水岭分割，分水岭的阈值为"10"，分割结果放入图像变量 Basins 中。

【任务实施】

（程序见：\随书代码\项目 5 图像分割\5-6 利用分水岭算法分割颗粒状物体 .hdev）

1）读取图像并初始化，程序如下：

```
1.  *读取图像
2.  read_image(Image,'pellets')
3.  *获取图像尺寸
4.  get_image_size(Image,Width,Height)
5.  *设定显示模式
6.  dev_set_draw('margin')
7.  *设定颜色
8.  dev_set_colored(12)
9.  *关闭窗口
10. dev_close_window()
11. *创建新窗口，和图像大小一致
12. dev_open_window(0,0,Width,Height,'black',WindowHandle)
```

分水岭算法分割颗粒状物体

```
13. *显示图像，如图5-45所示
14. dev_display(Image)
```

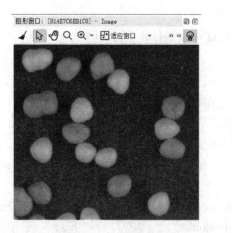

图 5-45　读取原图

2）阈值分割并选择颗粒特征，程序如下：

```
15. *阈值分割，如图5-46所示，可以看出，颗粒有黏连现象
16. threshold(Image,Region,105,255)
17. *连通域处理
18. connection(Region,ConnectedRegions)
19. *特征选择，如图5-47所示
20. select_shape(ConnectedRegions,SelectedRegions,'area','and',20,99999)
21. *显示原图像
22. dev_display(Image)
23. *显示选择的特征。
24. dev_display(SelectedRegions)
```

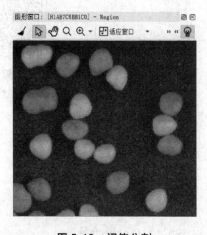

图 5-46　阈值分割

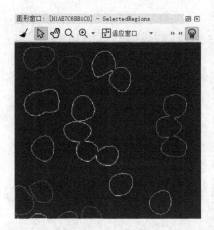

图 5-47　特征选择

3）图像变换，分水岭分割，程序如下：

25. * 计算输入区域的距离变换，它的作用是输出一幅图像，这幅图像是每个点到这个区域 Region 的距离分布图，并不是一个真正的图像。只是一个距离值的分布图，如图 5-48 所示
26. distance_transform(SelectedRegions,DistanceImage,'octagonal','true',380,350)
27. * 转换图像的类型，将图像的数据类型转换成适合处理的图像类型，如图 5-49 所示
28. convert_image_type(DistanceImage,DistanceImageByte,'byte')
29. * 反转图像，亮的变暗，暗的变亮，如图 5-50 所示
30. invert_image(DistanceImageByte,DistanceImageInv)
31. * 扩展灰度值，以改变灰度值的形式进行图像增强，如图 5-51 所示
32. scale_image_max(DistanceImageInv,DistanceImageInvScaled)
33. * 分水岭分割，如图 5-52 所示
34. watersheds_threshold(DistanceImageInv,Basins,5)
35. * 显示转换图像
36. dev_display(DistanceImageInvScaled)
37. * 显示分水岭分割结果
38. dev_display(Basins)

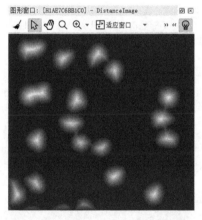

图 5-48 计算输入区域的距离变换

图 5-49 转为合适的图像类型

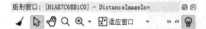

图 5-50 反转图像

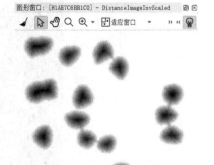

图 5-51 灰度值放大

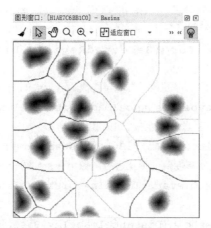

图 5-52　分水岭分割

4）求分水岭分割与最初阈值分割的交集，程序如下：

```
39. * 显示原图像
40. dev_display(Image)
41. * 显示特征选择
42. dev_display(SelectedRegions)
43. * 设定显示颜色
44. dev_set_color('blue')
45. * 显示分水岭分割结果
46. dev_display(Basins)
47. * 计算分水岭分割区域与阈值分割区域的交集，如图 5-53 所示
48. intersection(Basins,SelectedRegions,SegmentedPellets)
49. * 显示原图像
50. dev_display(Image)
```

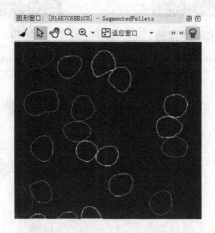

图 5-53　计算两种分割结果的交集

5）显示结果，程序如下：

```
51. *显示分水岭分割区域与阈值分割结果的交集，如图5-54所示
52. dev_display(SegmentedPellets)
```

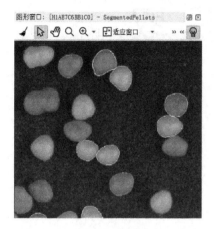

图 5-54　显示结果

习　　题

1. 阈值分割主要有_____、_____、_____三类。
2. 阈值分割的作用是_____。
3. 连通域处理的作用是_____。
4. 查阅资料，了解各种阈值分割的原理。
_____
_____
_____

项目 6
特征提取

知识目标

1. 熟悉特征选择的概念。
2. 掌握三类特征选择的方法。
3. 了解特征提取的作用。

能力目标

1. 能够根据图像特征选择合适的特征提取方法。
2. 会使用特征检测工具检测特征。
3. 会使用特征直方图筛选特征。

素养目标

1. 提升具体问题具体分析的能力。
2. 增加团队合作意识。

项目导读

特征是个笼统的概念,是按照一定规则组合成的区域集合,该区域可以是点、线、面或轮廓,也可以是符合某条件的像素点集。在经过图像分割、连通域处理后会得到一些区域,这些区域只是在灰度值上满足了一定的要求,除了所需要的特征,也许还包含许多其他特征,这时就需要通过特征选择工具,把所需要的特征提取出来,以达到减少计算量、缩小目标区域的目的。Halcon 软件特征对象主要有:区域 Region、灰度值 Grayvalue 和 XLD 特征三种类型,每种类型对象都有各自的典型特征,这些特征是在进行图像处理中对感兴趣的区域、灰度值或 XLD 进行选择的依据,通过特征提取可以精确地锁定目标区域。

本项目的思维导图如下。

项目6 特征提取

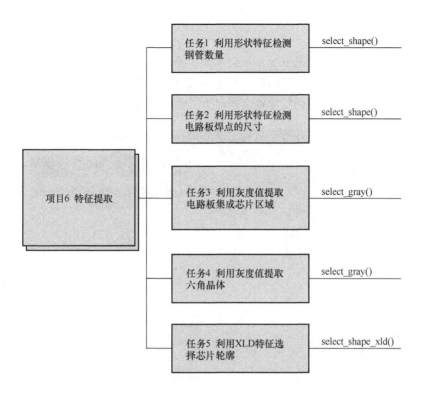

任务 1 利用形状特征检测钢管数量

【任务要求】

检测图 6-1 所示图像中钢管的数量。

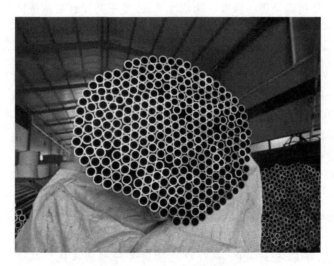

图 6-1 仓库中的钢管图像

【知识链接】

单击工具栏上"特征检测"按钮，将会弹出"特征检测 -Image"对话框，如图 6-2 所示，其中 Image 为检测的图像或区域变量名称，勾选左侧的特征项，在右侧将会显示该项的像素值；通过对区域特征的组合选择，可以快速地选择出所需要的区域。

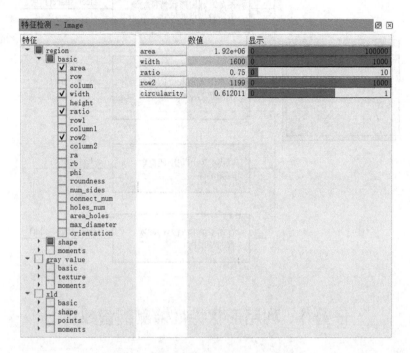

图 6-2 "特征检测 -Image"对话框

区域形状特征提取是基于基本几何特征、形态学、连通区域等方式过滤区域 Region。区域除了自身具有的基本特征（如面积、行坐标、列坐标、宽度、高度等），还有一些隐含的形状特征（如内接圆半径、外接圆半径、圆度、矩形度等），便于开发者快速选择所需要的区域。区域形状特征选择的算子为：select_shape()。

算子释义：select_shape() — Choose regions with the aid of shape features。

格式：select_shape(Regions : SelectedRegions: Features, Operation, Min, Max:)

参数：Regions 为输入区域；SelectedRegions 为选择后的特征组成的区域；Features 为选择的特征；Operation 为多个特征筛选时，是 and（并）还是 or（或）操作；Min, Max 为特征的最小值和最大值。

作用：对区域形状特征进行选择。

例：select_shape (ConnectedRegions, SelectedRegions, ['area', 'circularity'], 'and', [450,0.5], [2500,1])。

表示：对区域数组 ConnectedRegions 中的区域进行形状筛选，筛选符合面积"area"在 [450,2500] 且圆度"circularity"在 [0.5–1] 的所有区域。

算子释义：count_obj() — Number of objects in a tuple。
格式：count_obj(Objects : : : Number)
参数：Objects 为所选定的区域变量；Number 为数值变量，Objects 中区域的数量值。
作用：计算区域变量 Objects 的数量，赋值给 Number。

例：count_obj (SelectedRegions, Number)。
表示：计算出 SelectedRegions 变量中区域的个数，赋值给数值变量 Number。

【任务实施】

（程序见：\随书代码\项目 6 特征提取\6-1 根据形状特征检测钢管数量.hdev）

因为钢管的截面积在平行光下较亮，上部分较黑，下面遮盖物为白色的，可以利用 ROI 工具先将钢管区域提取出来，然后进行阈值分割，再利用形状特征筛选出钢管，最后使用 count_obj() 算子计算钢管数量。

1）读取图像并初始化，程序如下：

```
1.  *读取图像
2.  read_image(Image,'steel tube.jpg')
3.  *彩色转灰度图像
4.  rgb1_to_gray(Image,GrayImage)
5.  *获取图像尺寸
6.  get_image_size(Image,Width,Height)
7.  *关闭窗口
8.  dev_close_window()
9.  *打开新窗口，尺寸为 720×540 像素，背景为"黑色"
10. dev_open_window(0,0,720,540,'black',WindowHandle)
11. *显示图像，如图 6-3 所示
12. dev_display(GrayImage)
```

检测钢管数量

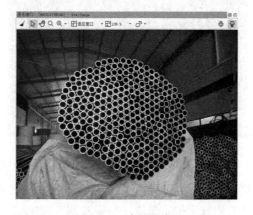

图 6-3　读取图像

利用 ROI 工具，在图中绘制一个圆，能够把钢管包含在内，如图 6-4 所示，然后单击鼠标右键，查看圆的信息，如图 6-5 所示，可以看到圆心大概在图像中心位置，半径大概在"470 像素"，因此在绘制感兴趣区域时，确定圆心坐标为（Height/2,Width/2），半径为"470 像素"。

图 6-4　ROI 区域

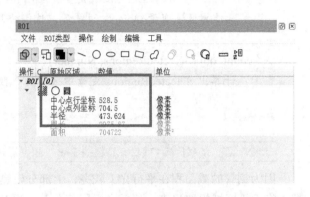

图 6-5　利用 ROI 工具检测感兴趣区域大小

2）图像处理，程序如下：

```
13. *获取感兴趣区域，如图 6-6 所示
14. gen_circle(ROI_0,Height/2,Width/2,470)
15. *裁剪获取 ROI 区域内的图像，缩小检测范围，如图 6-7 所示
16. reduce_domain(Image,ROI_0,ImageReduced)
17. *阈值分割，将钢管和背景分离出来，便于下一步选择，如图 6-8 所示
18. threshold(ImageReduced,Regions1,0,39)
19. *连通域处理，将钢管单个分割，便于后面计数，如图 6-9 所示
20. connection(Regions1,ConnectedRegions)
```

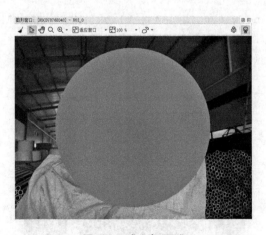

图 6-6　感兴趣区域

由于钢管区域的特征区别与其他区域典型的是截面积相同，都是圆形，可以选择"面积"和"圆度"作为过滤条件筛选钢管区域。单击"特征检测"按钮，勾选"region"下"basic"

中的"area"和"shape"中的"circularity"复选框,然后用鼠标单击各个钢管区域,如图6-10所示,发现"area"在[500,1100]之间、"circularity"在[0.6,1]之间,因此可以设定参数"area"在[450,1500],"circularity"在[0.5,1],关闭"特征检测"窗口,单击"特征选择"按钮,在弹出的"特征选择"对话框中,勾选"area"(默认选项)复选框,如图6-11所示,输入"最小化"为"450"和"最大化"为"1500",然后单击"增加一行"按钮,如图6-12所示,然后单击"输入代码"按钮。

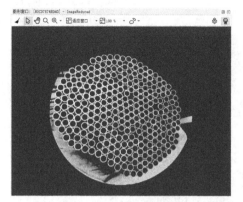

图6-7 裁剪ROI区域

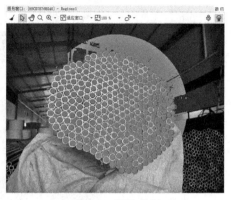

图6-8 阈值分割

图6-9 连通域处理

图6-10 特征检测

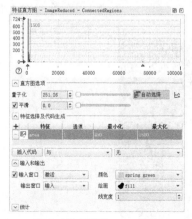

图6-11 设置area的值

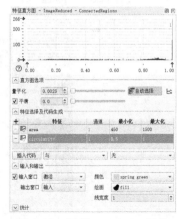

图6-12 设置circularity的值

3）特征筛选，程序如下：

```
21. *根据钢管截面积相同，可以选择"面积"和"圆度"作为过滤条件，如图6-13所示
22. select_shape(ConnectedRegions,SelectedRegions,['area','circularity'],
    'and',[450,0.5],[1500,1])
23. *计算钢管数量
24. count_obj(SelectedRegions,Number)
```

图 6-13　特征选择

4）处理结果，程序如下：

```
25. *显示原图
26. dev_display(Image)
27. *显示钢管
28. dev_display(SelectedRegions)
29. *设定显示字体
30. set_display_font(WindowHandle,32,'mono','true','false')
31. *输出信息，显示钢管的个数，识别结果如图6-14所示
32. disp_message(WindowHandle,'Number='+Number,'window',
    50,50,'red','false')
```

图 6-14　处理结果

任务 2　利用形状特征检测电路板焊点的尺寸

【任务要求】

检测图 6-15 所示电路板图像中焊点的直径，并判断焊点是否是良品。

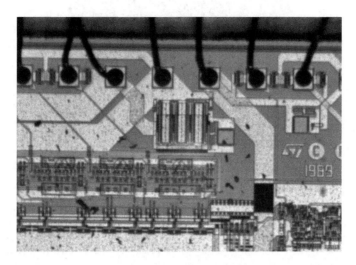

图 6-15　电路板图像

【任务实施】

（程序见：\ 随书代码 \ 项目 6 特征提取 \6-2 检测电路板焊点的尺寸 .hdev）

因为焊点为黑色，可以通过阈值分割将其分割出来。连接线也是黑色，且焊点的直径大于连接线的直径，可以先采用形态学将连接线去掉，然后使用最小外接圆算子 smallest_circle() 求出各个焊点的中心坐标和直径，依次显示。

1）读取图像并初始化，程序如下：

```
1.  *读取图像
2.  read_image(Image,'die')
3.  *获取图像大小
4.  get_image_size(Image,Width,Height)
5.  *关闭窗口
6.  dev_close_window()
7.  *打开一个新窗口，与图像大小一致
8.  dev_open_window_fit_image(Image,0,0,-1,-1,WindowHandle)
9.  *显示图像，如图 6-16 所示
10. dev_display(Image)
11. *设定字体，因为最后要显示焊点的"直径"，先设定显示字体的格式
12. set_display_font(WindowHandle,16,'mono','true','false')
```

检测焊点尺寸

图 6-16 读取图像

2) 图像处理,程序如下:

```
13. *阈值分割,选择[100,255]之间的像素点,如图 6-17 所示
14. threshold(Image,Region,100,255)
15. *区域形状变换,转换成矩形'rectangle1',将选择的区域,转换成水平状的区域最小外
    接矩形,'rectangle1'表示与水平线夹角为 0 的矩形,如图 6-18 所示
16. shape_trans(Region,RegionTrans,'rectangle1')
17. *电路板上面黑色部分无须关注,因此先将这部分裁剪掉,利用转换后的矩形对原图进行裁
    剪,如图 6-19 所示
18. reduce_domain(Image,RegionTrans,ImageReduced)
19. *阈值分割,选择[0,50]之间的像素点,如图 6-20 所示
20. threshold(ImageReduced,Region1,0,50)
21. *填充孔隙
22. fill_up_shape(Region1,RegionFillUp,'area',1,100)
23. *开运算,去除周边飞边,小区域,以及焊点的连接线,可采用感兴趣区域工具,绘制直径
    大于电线直径的"圆",得到圆的直径,可以作为开运算直径参数,这样就可以把电线区域
    过滤掉,如图 6-21 所示,运算结果如图 6-22 所示
24. opening_circle(RegionFillUp,RegionOpening,10)
25. *连通域处理,打断操作,如图 6-23 所示
26. connection(RegionOpening,ConnectedRegions)
```

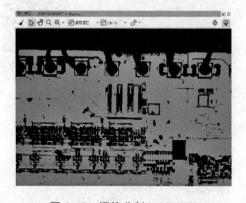

图 6-17 阈值分割[100,255]

图 6-18 区域形状转换

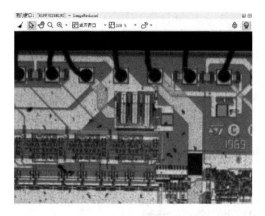

图 6-19 裁剪

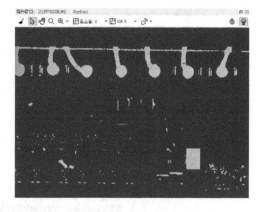

图 6-20 阈值分割 [0,50]

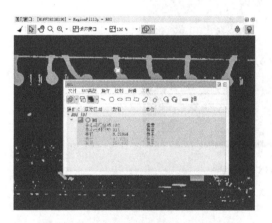

图 6-21 测试选择开运算的半径参数

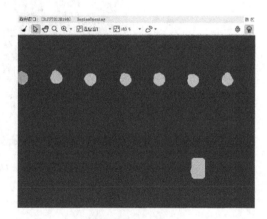

图 6-22 开运算

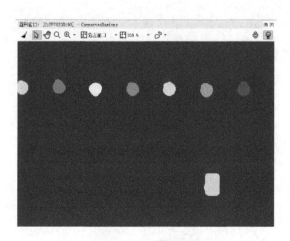

图 6-23 连通域处理

3）特征筛选，程序如下：

```
27. *区域形状特征提取，选择面积在[0,1829]像素点之间的区域，圆的面积在这个范围之内，
    如图6-24所示
28. select_shape(ConnectedRegions,SelectedRegions,'area','and',0,1829)
29. *对六个焊点按照列'column'进行排序，这样可以从左向右取圆
30. sort_region(SelectedRegions,SortedRegions,'first_point',
    'true','column')
31. *求各个焊点的最小外接圆
32. smallest_circle(SortedRegions,Row1,Column1,Radius1)
```

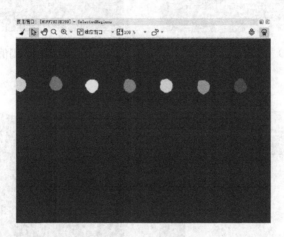

图6-24 面积特征选择

4）数值计算，程序如下：

```
33. *声明变量NumBalls,并赋值为数组Radius1的模,即数组长度
34. NumBalls:=[Radius1]
35. *声明数组变量Diameter,并赋值各个圆的半径×2
36. Diameter:=2*Radius1
```

5）处理结果，程序如下：

```
37. *显示原图
38. dev_display(Image)
39. *绘制并显示六个焊点的最小外接圆,如图6-25所示
40. disp_circle(WindowHandle,Row1,Column1,Radius1)
41. *设置显示颜色为白色
42. dev_set_color('white')
43. *在焊点上方一个直径的距离上显示直径数值,保留四位有效数字$'.4',如图6-26所示
44. disp_message(WindowHandle,'D:'+Diameter$'.4','image',Row1-2*Ra-
    dius1,Column1,'white','false')
```

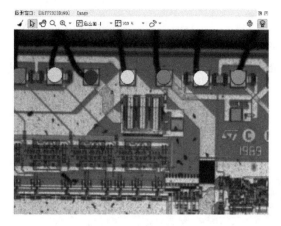
图 6-25　绘制焊点的最小外接圆

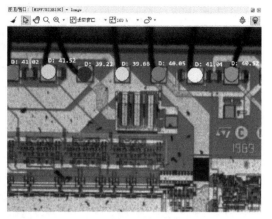
图 6-26　处理结果

算子释义：smallest_circle ()— Smallest surrounding circle of a region。
格式：smallest_circle(Regions : : : Row, Column, Radius)
参数：Regions 为输入区域；Row, Column 为圆心坐标；Radius 为半径值。
作用：求区域的最小外接圆。

例：smallest_circle (SortedRegions, Row1, Column1, Radius1)。
表示：求区域 SortedRegions 最小外接圆，得到圆心坐标为（Row1, Column1），半径为 Radius1。

任务 3　利用灰度值提取电路板集成芯片区域

【任务要求】

利用灰度值特征，提取图 6-27 所示电路板图像中灰色的芯片区域。

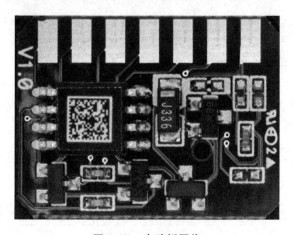
图 6-27　电路板图像

【知识链接】

每个区域的灰度特征值也是常用的选择特征。典型的灰度值特征有灰度区域面积"gray_area"、中心点的行"gray_row"和列"gray_column"坐标、椭圆的长轴"gray_ra"和短轴"gray_rb"、与水平线的夹角"gray_phi"、最大灰度值"gray_max"、最小灰度值"gray_min"及平均灰度值"gray_mean",如图 6-28 所示。灰度值特征选择的算子为:select_gray()。

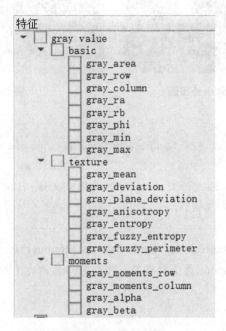

图 6-28　灰度值特征

算子释义:select_gray() — Select regions based on gray value features。
格式:select_gray(Regions, Image : SelectedRegions : Features, Operation, Min, Max :)
参数:Regions 为输入区域;Image 为 Regions 所属的图像;SelectedRegions 为选择后的特征组成的区域;Features 为选择的特征;Operation 为多个特征筛选时,是 and(并)还是 or(或)操作;Min, Max 为特征的最小值和最大值。
作用:利用灰度值对区域特征进行选择。

例:select_gray (ConnectedRegions, Image, SelectedRegions, 'mean', 'and', 190, 230)。
表示:选择图像变量 Image 中 ConnectedRegions 内平均灰度值在 [190,230] 之间的区域,保存到变量 SelectedRegions 中。

【任务实施】

(程序见:\随书代码\项目 6 特征提取\6-3 利用灰度值提取电路板集成芯片区域.hdev)

因为灰色的芯片区域的灰度值与其他位置有明显的区别,首先对图像进行阈值分割,打断处理后,然后利用灰度值特征进行区域筛选,最后选出所需要的芯片特征。

1)读取图像并初始化,程序如下:

```
1. *读取图像
2. read_image(Image,'printer_chip')
3. *获取图像尺寸
4. get_image_size(Image,Width,Height)
5. *关闭窗口
6. dev_close_window()
7. *新建一个窗口,窗口大小为图像的 1/4
8. dev_open_window(0,0,Width/4,Height/4,'black',WindowHandle)
9. *显示图像,如图 6-29 所示
10. dev_display(Image)
```

选择芯片区域

2)图像处理,程序如下:

```
11. *因为图像黑白分明,可直接阈值分割,如图 6-30 所示
12. threshold(Image,Region,128,255)
13. *连通域处理,打断成多个区域,如图 6-31 所示
14. connection(Region,ConnectedRegions)
```

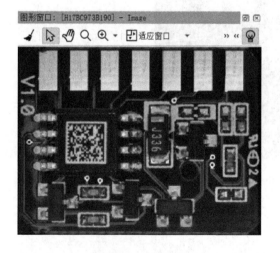

图 6-29 读取图像

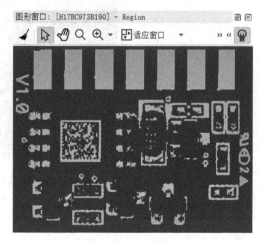

图 6-30 阈值分割

3)特征筛选,程序如下:

```
15. *因为长方形的区域与其他区域的灰度值有明显区别，可采用灰度值特征选择，如图 6-32 所示
16. select_gray(ConnectedRegions,Image,SelectedRegions,'mean',
    'and',190,230)
17. *用区域形状特征来选择，如图 6-33 所示
18. select_shape(SelectedRegions,SelectedRegions1,'area','and',
    1500,99999)
```

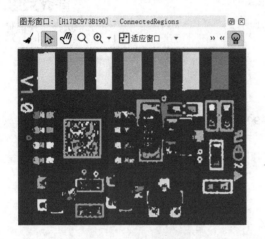

图 6-31　连通域处理

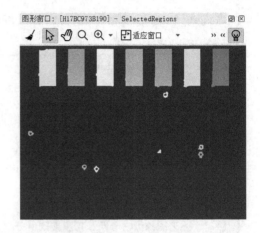

图 6-32　灰度值特征选择 mean

图 6-33　区域形状特征选择 area

4）显示结果，程序如下：

```
19. *显示原图
20. dev_display(Image)
21. *显示选择结果，如图 6-34 所示
22. dev_display(SelectedRegions1)
```

图 6-34　选择结果

任务 4　利用灰度值提取六角晶体

【任务要求】

利用灰度值特征，提取图 6-35 所示晶体图像中六角晶体区域。

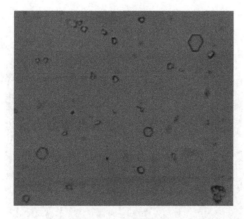

图 6-35　晶体图像

【知识链接】

熵是体系的混乱程度，对焦良好的图像的熵大于没有清晰对焦的图像，因此可以用熵作为一种对焦评价标准，熵越大，图像越清晰。图像的熵是一种特征的统计形式，它反映了图像中平均信息量的多少，表示图像灰度分布的聚集特征。

【任务实施】

（程序见：\ 随书代码 \ 项目 6 特征提取 \6-4 利用灰度值提取六角晶体 .hdev）

因为六角晶体轮廓的灰度值与其他位置有明显的区别，首先对图像进行阈值分割，打断处理后，可以利用灰度值特征进行区域筛选，选出所需要的六角晶体特征。

1）读取图像并初始化，程序如下：

选择六角晶体

```
1.  *读取图像
2.  read_image(Image,'crystal')
3.  *3通道图像转为灰度图像
4.  rgb1_to_gray(Image,GrayImage)
5.  *获取图像大小
6.  get_image_size(Image,Width,Height)
7.  *关闭窗口
8.  dev_close_window()
9.  *创建一个新窗口，尺寸与图像大小一致
10. dev_open_window_fit_image(Image,0,0,Width,Height,WindowID)
11. *设定显示模式，'margin'显示线框，'fill'显示填充
12. dev_set_draw('fill')
13. *设定线宽
14. dev_set_line_width(2)
15. *显示灰度图像，如图6-36所示
16. dev_display(GrayImage)
```

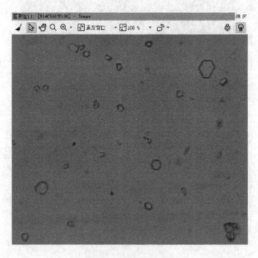

图6-36 读取图像

2）图像处理，程序如下：

```
17. *均值滤波，为动态阈值分割做准备
18. mean_image(GrayImage,ImageMean,21,21)
19. *动态阈值分割，如图6-37所示
```

```
20. dyn_threshold(GrayImage,ImageMean,RegionDynThresh,8,'dark')
21. *连通域处理，打断
22. connection(RegionDynThresh,ConnectedRegions)
23. *显示区域
24. dev_display(ConnectedRegions)
```

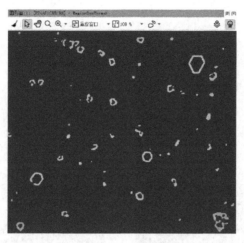

图 6-37　动态阈值分割

3）区域处理，程序如下：

```
25. *形状变换，'convex'为凸性包含区域的最小凸多边形，如图 6-38 所示
26. shape_trans(ConnectedRegions,ConvexRegions,'convex')
27. *区域特征选择，选择'area'在[600,2000]的区域，如图 6-39 所示
28. select_shape(ConvexRegions,LargeRegions,'area','and',600,2000)
29. *区域灰度值选择，选择'熵'在[1,5.6]的区域，因为该图像素是离散的，如图 6-40 所示
30. select_gray(LargeRegions,GrayImage,Crystals,'entropy','and',1,5.6)
```

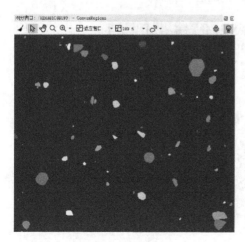

图 6-38　形状变换

图 6-39　"area"特征选择

4)显示结果,程序如下:

```
31. *显示原图
32. dev_display(GrayImage)
33. *显示处理结果,如图6-41所示
34. dev_display(Crystals)
```

 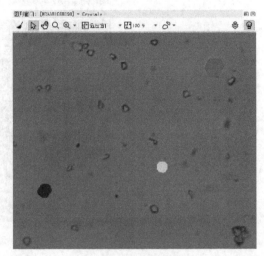

图6-40 熵特征筛选　　　　　　　　　图6-41 处理结果

任务5　利用XLD特征选择芯片轮廓

【任务要求】

利用XLD特征提取图6-42所示电路板图像中白色的芯片轮廓。

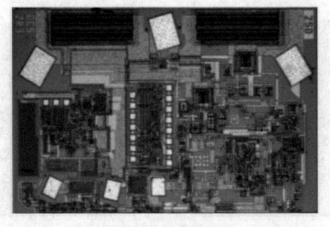

图6-42 电路板图像

【知识链接】

在边缘轮廓操作中,对特征的选择需要使用 XLD 特征。XLD 特征与区域有类似的特征,如图 6-43 所示。XLD 特征提取的算子为:select_shape_xld()。

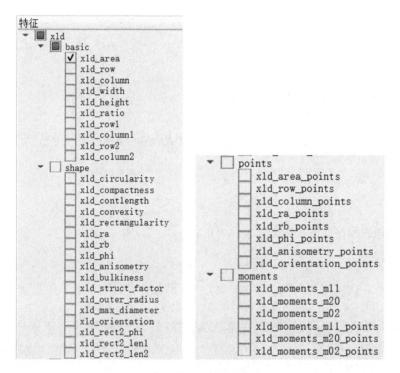

图 6-43　XLD 特征

算子释义:select_shape_xld() — Select contours or polygons using shape features。

格式:select_shape_xld(XLD : SelectedXLD : Features, Operation, Min, Max :)

参数:XLD 为输入轮廓;SelectedXLD 为选择后的轮廓组成的区域;Features 为选择的特征;Operation 为多个特征筛选时,是 and(并)还是 or(或)操作;Min, Max 为特征的最小值和最大值。

作用:对 XLD 形状特征进行筛选。

例:select_shape_xld (Edges, SelectedXLD,'contlength','and',0,200)。

表示:对图像变量 Edges 中的轮廓进行筛选,选择周长在 [0,200] 范围的轮廓线,放入图像变量 SelectedXLD 中。

【任务实施】

(程序见:\随书代码\项目 6 特征提取 \6-5 利用 XLD 特征选择芯片轮廓 _XLD.hdev)

图 6-42 所示电路板图像的像素点较少,不够清晰,芯片区域为白色,边界也有些模糊,可先通过快速阈值分割,获取芯片区域,然后求取其边界,获取边界轮廓。

1)读取图像并初始化,程序如下:

提取芯片边缘

```
1.  *读取图像
2.  read_image(Image,'die_pads')
3.  *关闭已经打开的窗口
4.  dev_close_window()
5.  *获取图像大小
6.  get_image_size(Image,Width,Height)
7.  *打开新窗口,与图像尺寸一致
8.  dev_open_window_fit_image(Image,0,0,-1,-1,WindowHandle)
9.  *在新窗口里显示图像,如图 6-44 所示
10. dev_display(Image)
11. stop()
```

2)图像处理,程序如下:

```
12. *快速阈值分割,如图 6-45 所示
13. fast_threshold(Image,Region,180,255,20)
14. *对区域进行连通处理,获取区域里连通的组件,如图 6-46 所示
15. connection(Region,ConnectedRegions)
16. *过滤面积大小在 [200,1200] 范围和区域的长轴和短轴的比值在 [1,2] 范围的区域,如
    图 6-47 所示
17. select_shape(ConnectedRegions,SelectedRegions,['area','anisometry'],'and',[200,1],[1200,2])
```

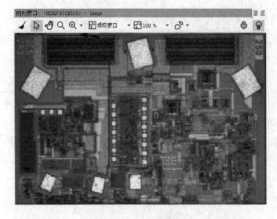

图 6-44　读取图像

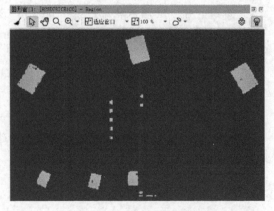

图 6-45　快速阈值分割

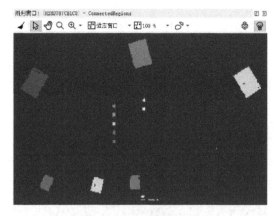
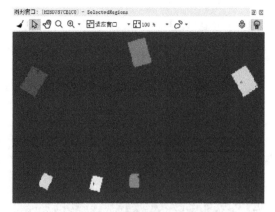

图 6-46 连通域处理　　　　　图 6-47 "area" 形状特征筛选

3）区域处理，程序如下：

```
18. *填充过滤后区域里的内部间隙
19. fill_up(SelectedRegions,RegionFillUp)
20. *获取各个芯片最小外接矩形
21. smallest_rectangle2(RegionFillUp,Row1,Column1,Phi1,Length11,Length21)
22. *绘制各个最小外接矩形，如图6-48所示
23. gen_rectangle2(Rectangle1,Row1,Column1,Phi1,Length11,Length21)
24. *获取各矩形边界，如图6-49所示
25. boundary(Rectangle1,RegionBorder1,'inner')
26. *对边界进行膨胀操作，结构算子半径为1.5像素，如图6-50所示
27. dilation_circle(RegionBorder1,RegionDilation1,1.5)
28. *对膨胀后的边界区域进行布尔并运算，合并成为一个区域，为裁剪做准备
29. union1(RegionDilation1,RegionUnion1)
30. *对原图进行裁剪，获取芯片区域，如图6-51所示
31. reduce_domain(Image,RegionUnion1,ImageReduced1)
```

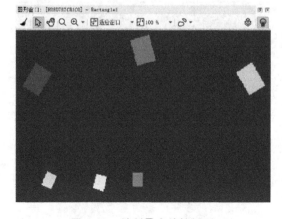
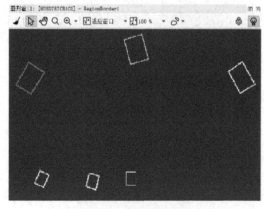

图 6-48 绘制最小外接矩形　　　　　图 6-49 求矩形边界

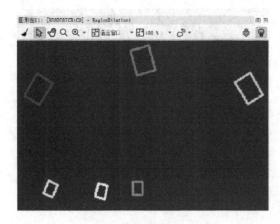

图 6-50　膨胀操作　　　　　　　　　图 6-51　裁剪原图

4）轮廓操作，程序如下：

```
32. *对 ImageReduced1 图像进行边缘提取，如图 6-52 所示
33. edges_sub_pix(ImageReduced1,Edges1,'canny',1,20,40)
34. *对 Edges1 里的轮廓进行筛选，保留长度在 [10,200] 范围的轮廓
35. select_shape_xld(Edges1,SelectedXLD,'contlength','and',0,200)
36. *将相邻的轮廓合并为一个轮廓
37. union_adjacent_contours_xld(Edges1,UnionContours1,10,1,'attr_keep')
38. *将 UnionContours1 轮廓拟合成为一个仿射矩形轮廓
39. fit_rectangle2_contour_xld(UnionContours1,'regression',-1,0,0,3,2,
    Row2,Column2,Phi2,Length12,Length22,PointOrder1)
40. *生成仿射轮廓，如图 6-53 所示
41. gen_rectangle2_contour_xld(Rectangle2,Row2,Column2,Phi2,Length12,
    Length22)
```

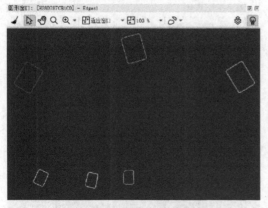 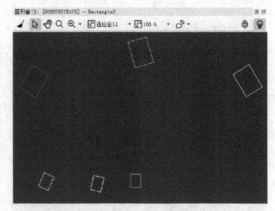

图 6-52　提取边缘轮廓　　　　　　　　　图 6-53　拟合矩形

5）显示结果，程序如下：

```
42. *显示原图
43. dev_display(Image)
44. *显示芯片轮廓，处理结果如图6-54所示
45. dev_display(Rectangle2)
```

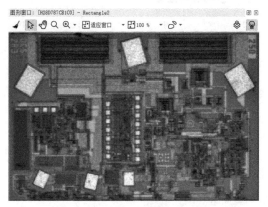

图6-54　处理结果

习　题

1. Halcon 软件特征对象主要有_____、_____和_____3 种类型。
2. Halcon 软件特征的量化可采用_____工具检测。
3. 特征直方图可以完成所有类型的特征提取工作，操作的对象是_____。
4. 查阅资料，了解特征的分类、特征提取的方法和作用。

项目 7

形态学处理

 知识目标

1. 熟悉数学形态学的基本概念。
2. 掌握腐蚀和膨胀处理图像的原理。
3. 掌握运用开运算和闭运算处理图像的原理。

 能力目标

1. 会使用腐蚀和膨胀处理图像。
2. 会使用开运算和闭运算处理图像。

 素养目标

1. 利用网络资源搜集资料。
2. 按照企业的工作模式开展学习。

项目导读

数学形态学（Mathematical Morphology）是一门建立在格论和拓扑学基础之上的图像分析学科，是数学形态学图像处理的基本理论。其基本的运算包括：二值腐蚀和膨胀、二值开运算和闭运算、击中击不中变换、形态学梯度等。

形态学是图像处理中应用最为广泛的技术之一，主要用于从图像中提取对表达和描绘区域形状有意义的图像分量，使后续的识别工作能够抓住目标对象最为本质的形状特征，如边界和连通区域等。同时图像细化、像素化和修剪飞边等技术也常应用于图像的预处理和后处理中，成为图像增强技术的有力补充。

形态学的基本原理是利用一种特殊的结构元素去探索图像中对应的形状，以达到对测量或提取输入图像中相应的形状或特征进行分析和识别的目的，即按照集合运算"交"和"并"的规则，将结构元素填放到图像中，对图像进行处理的方法。结构元素形状的构造将直接影响图像分析处理的结果。

项目 7 形态学处理

本项目的思维导图如下。

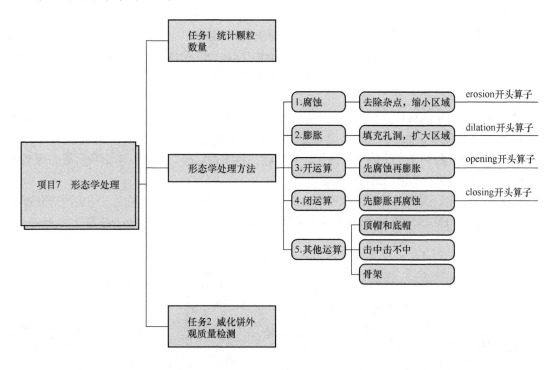

任务 1 统计颗粒数量

【任务要求】

利用形态学处理统计图 7-1 所示颗粒图像中颗粒的数量。

【知识链接】

在经阈值处理提取出目标区域的二值图像之后,区域边缘可能并不理想,这时可以使用腐蚀或膨胀操作对区域进行"收缩"或"扩张"。腐蚀和膨胀是两种最基本也是最重要的形态学运算之一,它们是很多高级形态学处理的基础,很多形态学算法都是由这两种基本运算复合而成。

1. 结构元素

结构元素在算子参数中的名称为 StructElement,在腐蚀与膨胀操作中都需要用到。结构元素是类似于"滤波核"的元素,或者说类似于一个窗口在原图上从上向下、从左向右划过,求结构元素与原图的交集。结构元素可以指定形状和大小,其原点相当于窗口的中心,其

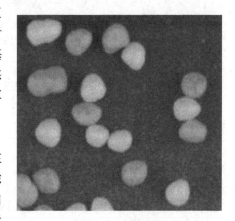

图 7-1 颗粒图像

尺寸大小在进行腐蚀或者膨胀处理时根据需要设定。结构元素的尺寸也决定着腐蚀或者膨胀的程度，结构元素越大，被腐蚀消失或者被膨胀增加的区域也会越大。

结构元素的形状可以根据操作的需求进行创建，可以是圆形、矩形、椭圆形，甚至是指定的多边形等。可以通过 gen_circle()、gen_rectanglel()、gen_ellipse()、gen_region_polygon() 等算子创建需要的形状并设定尺寸，一般在腐蚀或者膨胀算子中直接设定。

2. 腐蚀

腐蚀操作是对所选区域进行"收缩"的一种操作，可以用于消除边缘和杂点。腐蚀区域的大小与结构元素的大小和形状相关。其原理是使用一个自定义的结构元素，如矩形、圆形等，在二值图像上进行类似于"滤波"的操作，然后将二值图像对应的像素点与结构元素的像素进行对比，得到的交集为腐蚀后的图像像素。

经过腐蚀操作，图像区域的边缘可能会变得平滑，区域的像素将会减少，相连的部分可能会断开，但各部分仍然属于同一个区域。常用的腐蚀算子为：erosion_circle() 算子和 erosion_rectangle1() 算子。

> 算子释义：erosion_rectangle1() — Erode a region with a rectangular structuring element。
> 格式：erosion_rectangle1 (Region :RegionErosion : Width, Height :)
> 参数：Region 为输入区域；RegionErosion 为腐蚀后的结果；Width, Height 为矩形结构元素的尺寸。
> 作用：用长为 Width，宽为 Height 的矩形结构元素对区域 Region 进行腐蚀处理。

例：erosion_rectangle1 (Region, RegionErosion, 35, 35)。

表示：用 35×35 像素的矩形对区域 Region 进行腐蚀操作，处理结果放在变量 RegionErosion 中。

> 算子释义：erosion_circle() — Erode a region with a circular structuring element。
> 格式：erosion_circle(Region : RegionErosion : Radius :)
> 参数：Region 为输入区域；RegionErosion 为腐蚀后的结果；Radius 为圆形结构元素的半径，一般为奇数。
> 作用：用半径为 Radius 的圆形结构元素对区域 Region 进行腐蚀处理。

例：erosion_circle (Region, RegionErosion, 23)。

表示：用半径为 23 像素的圆形结构算子对区域 Region 进行腐蚀操作，处理结果放在变量 RegionErosion 中。

3. 膨胀

与腐蚀相反，膨胀是对选区进行"扩大"的一种操作。其原理是使用一个自定义的结构元素，在待处理的图像上进行类似于"滤波"的操作，然后将二值图像对应的像素点与结构元素的像素进行对比，得到的并集为膨胀后的图像像素。

经过膨胀操作，图像区域的边缘可能会变得平滑，区域的像素将会增加，不相连的部分可能会连接起来，这些都与腐蚀操作正好相反。即使如此，原本不相连的区域仍然属于各自的区域，不会因为像素重叠就发生合并。

Halcon 软件中有许多与膨胀操作相关的算子，比较常用的有 dilation_circle() 算子和 dilation_rectanglel() 算子，它们分别使用圆形与矩形结构元素对输入区域进行膨胀操作。

> 算子释义：dilation_rectangle1 ()— Open a region with a rectangular structuring element。
> 格式：dilation_rectangle1 (Region : RegionDilation : Width, Height :)
> 参数：Region 为输入区域；RegionDilation 为膨胀后的结果；Width, Height 为矩形结构元素的长和宽。
> 作用：用长为 Width，宽为 Height 的矩形结构元素对区域 Region 进行膨胀处理。

例：dilation_rectangle1(Region, RegionDilation, 11, 11)。

表示：对图像变量 Region 中的区域进行膨胀操作，结构元素为矩形，长为 11 像素，宽为 11 像素，膨胀后的区域放入图像变量 RegionDilation 中。

> 算子释义：dilation_circle() — Dilate a region with a circular structuring element。
> 格式：dilation_circle(Region :RegionDilation : Radius :)
> 参数：Region 为输入区域；RegionDilation 为开运算后的结果；Radius 为圆形结构元素的半径，一般为奇数。
> 作用：用半径为 Radius 的圆形结构元素对区域 Region 进行膨胀处理。

例：dilation_circle (Region, RegionDilation, 3.5)。

表示：对图像变量 Region 中的区域进行膨胀操作，结构元素为圆形，半径为 3.5 像素，膨胀后的区域放入图像变量 RegionDilation 中。

【任务实施】

> （程序见：\随书代码\项目 7 形态学处理 \7-1 统计颗粒数量 .hdev）

图 7-1 所示颗粒图像的颗粒与背景有明显的区分，首先通过阈值分割将颗粒分离出来，又因为颗粒之间有黏连的情况，利用腐蚀处理，将颗粒的像素数量减少，然后通过连通域处理，将颗粒分割开后，利用 count_obj() 算子计算颗粒数量，最后利用膨胀处理，恢复颗粒形状并显示。

1）读取图像并初始化，程序如下：

```
1. *读取图像
2. read_image(Image,'pellets')
3. *关闭窗口
4. dev_close_window()
5. *获取图像尺寸
6. get_image_size(Image,Width,Height)
7. *打开新窗口，与图像尺寸一致
```

计算颗粒数量

```
8.  dev_open_window(0,0,Width,Height,'black',WindowID)
9.  *设定显示字体
10. set_display_font(WindowID,16,'mono','true','false')
11. *设定显示颜色
12. dev_set_colored(6)
13. *设定显示模式
14. dev_set_draw('margin')
15. *设定显示线宽
16. dev_set_line_width(3)
17. *显示图像,如图 7-2 所示
18. dev_display(Image)
19. stop()
```

2)图像处理,程序如下:

```
20. *二值化阈值分割,如图 7-3 所示
21. binary_threshold(Image,LightRegion,'max_separability','light',UsedThreshold)
22. *腐蚀处理,选择合适的结构圆半径,使各个颗粒分离,便于统计数量,如图 7-4 所示
23. erosion_circle(LightRegion,RegionErosion,7.5)
24. *连通域处理,打断操作,如图 7-5 所示
25. connection(RegionErosion,ConnectedRegions)
26. *计算颗粒区域数量
27. count_obj(ConnectedRegions,Number)
28. *膨胀处理,选择与腐蚀一样的半径,便于显示颗粒形状,如图 7-6 所示
29. dilation_circle(ConnectedRegions,RegionDilation,7.5)
```

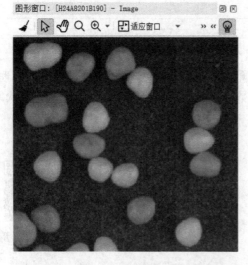

图 7-2　显示图像

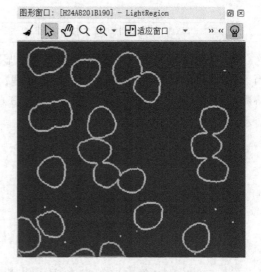

图 7-3　二值化阈值分割

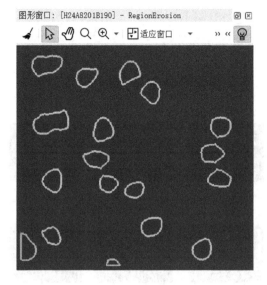

图 7-4　腐蚀处理

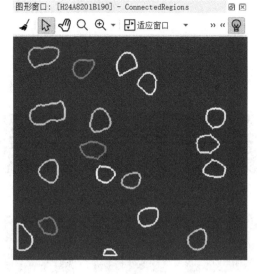

图 7-5　连通域处理

3）显示结果，程序如下：

```
30. *显示原图
31. dev_display(Image)
32. *显示颗粒区域
33. dev_display(RegionDilation)
34. *显示统计结果，如图 7-7 所示
35. disp_message(WindowID,'共有 '+Number+' 个颗粒 ','window',12,220,'black',
    'true')
```

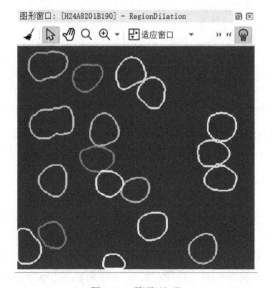

图 7-6　膨胀处理

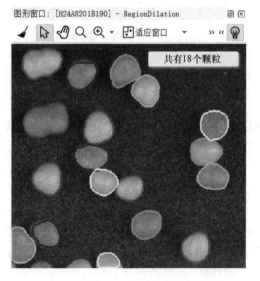

图 7-7　统计结果

任务 2　威化饼外观质量检测

【任务要求】

图 7-8 所示为一组威化饼图像，利用形态学处理检测每张威化饼图像中威化饼的外观质量。

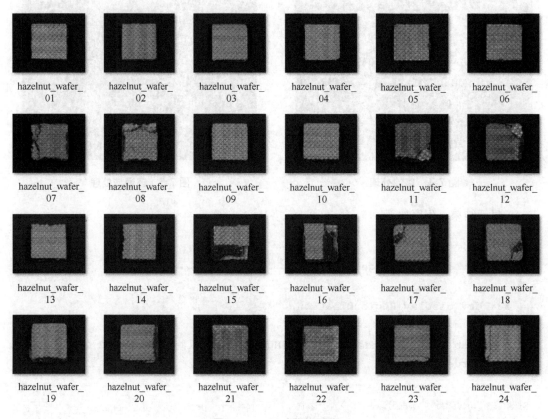

图 7-8　一组威化饼图像

【知识链接】

腐蚀与膨胀是形态学运算的基础，在实际检测的过程中，常需要组合运用对图像进行处理。开运算与闭运算组合使用，可以在保留图像主体部分的同时，处理图像中出现的各种杂点、空洞、小的间隙、毛糙的边缘等。合理地运用开运算与闭运算，能简化操作步骤，有效地优化目标区域，使提取出的范围更为理想。

1. 开运算

开运算的计算步骤是先腐蚀，后膨胀。通过腐蚀运算能去除小的非关键区域，也可以把离得很近的元素分隔开，再通过膨胀填补过度腐蚀留下的空隙。因此，通过开运算能去除孤立的、细小的点，平滑原本毛糙的边缘线，同时原区域面积也不会有明显的改变，类似于一种"去飞边"的效果。开运算的算子为 opening 开头的算子：opening()（自定义结构元素形状）、opening_rectangle1()（矩形结构元素）和 opening_circle()（圆形结构元素）。

算子释义：opening_rectangle1() —— Open a region with a rectangular structuring element。

格式：opening _rectangle1 (Region :Regionopening : Width, Height :)

参数：Region 为输入区域；Regionopening 为腐蚀后的结果；Width, Height 为矩形结构元素的尺寸。

作用：用长为 Width，宽为 Height 的矩形结构元素对区域 Region 进行开运算处理。

例：opening_rectangle1 (Region, RegionOpening, 10, 10)。

表示：用 10×10 像素的矩形对区域 Region 进行开运算操作，处理结果放在变量 RegionOpening 中。

算子释义：opening_circle() —— Open a region with a circular structuring element。

格式：opening _circle(Region : Regionopening : Radius :)

参数：Region 为输入区域；Regionopening 为腐蚀后的结果；Radius 为圆形结构元素的半径，一般为奇数。

作用：用半径为 Radius 的圆形结构元素对区域 Region 进行腐蚀处理。

例：opening _circle (Region, RegionOpening, 23)。

表示：用半径为 23 像素的圆形对图像变量 Region 中的区域进行开运算操作，处理结果放在图像变量 RegionOpening 中。

2. 闭运算

闭运算的计算步骤与开运算正好相反，为先膨胀，后腐蚀。这两步操作能将看起来很接近的元素，如区域内部的空洞或外部孤立的点连接成一体，区域的外观和面积也不会有明显的改变，类似于"填空隙"的效果。与单独的膨胀操作不同的是，闭运算在填空隙的同时，不会使图像边缘轮廓加粗。闭运算的算子为 closing 开头的算子：closing()（自定义结构元素形状）、closing _rectangle1()（矩形结构元素）和 closing _circle()（圆形结构元素）。

算子释义：closing_rectangle1 ()—— Close a region with a rectangular structuring element。

格式：closing _rectangle1 (Region :Regionlosing : Width, Height :)

参数：Region 为输入区域；Regionlosing 为闭运算后的结果；Width, Height 为矩形结构元素的尺寸。

作用：用长为 Width，宽为 Height 的矩形结构元素对区域 Region 进行闭运算处理。

例：closing _rectangle1 (Region, Regionlosing, 35, 35)。

表示：用 35×35 像素的矩形对图像变量 Region 中区域进行闭运算操作，处理结果放在图像变量 Regionlosing 中。

算子释义：closing_circle ()—— Close a region with a circular structuring element。

格式：closing _circle(Region : Regionlosing: Radius :)

参数：Region 为输入区域；Regionlosing 为闭运算后的结果；Radius 为圆形结构元素的半径，一般为奇数。

作用：用半径为 Radius 的圆形结构元素对区域 Region 进行闭运算处理。

例：closing_circle (Region, Regionlosing, 23)。

表示：用半径为 23 像素的圆形对图像变量 Region 中的区域进行闭运算操作，处理结果放在图像变量 Regionlosing 中。

【任务实施】

（程序见：\随书代码\项目 7 形态学处理 \7-2 威化饼质量检测 \7-2 威化饼外观质量检测 .hdev）

威化饼质量好坏的判断依据是图像中间出现孔洞面积 >300 像素或外观矩形度 <0.92，因为有 24 张图像，需要一张一张处理，图像背景比较明显，因此可以先采用二值化阈值分割法迅速对图像进行分割，然后利用开运算去除小的非关键区域，再利用 area_holes() 算子获取孔洞面积，rectangularity() 算子计算威化饼的矩形度，最后利用"或"条件进行判断质量是否合格，合格用草绿色显示，不合格用红色显示。

1) 读取图像并初始化，程序如下：

```
1.  *读取图像，目的是获取图像大小和创建窗口句柄
2.  read_image(Image,'hazelnut_wafer_01')
3.  *关闭窗口
4.  dev_close_window()
5.  *获取图像尺寸
6.  get_image_size(Image,Width,Height)
7.  *打开新窗口，尺寸和图像一致
8.  dev_open_window_fit_image(Image,0,0,-1,-1,WindowHandle)
9.  *设置线宽
10. dev_set_line_width(3)
11. *设置显示模式
12. dev_set_draw('margin')
13. *设置字体
14. set_display_font(WindowHandle,20,'mono','true','false')
```

检测威化饼的外观质量

2) 循环读取图像并进行图像处理，程序如下：

```
15. *循环读取图像，逐张检测，第一张图像如图 7-9 所示
16. for Index:=1to24by1
17.     *读取默认目录下，以 hazelnut_wafer_ 开头的图像文件名，后续加上两位数
18.     *Index$'.02' 表示 Index 为两位数，如，当 Index=1 时，用 01 表示
19.     read_image(Image,'hazelnut_wafer_'+Index$'.02')
20.     *二值化阈值分割，如图 7-10 所示
```

```
21.      binary_threshold(Image,Foreground,'smooth_histo','light',Used-
    Threshold)
22.   *开运算,如图7-11所示
23.      opening_circle(Foreground,FinalRegion,8.5)
24.   *计算孔区域面积
25.      area_holes(FinalRegion,AreaHoles)
26.   *计算区域的矩形度
27.      rectangularity(FinalRegion,Rectangularity)
28.   *显示原图
29.      dev_display(Image)
```

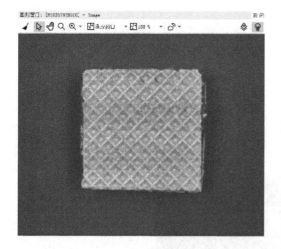

图 7-9　第一张图像　　　　　　　　图 7-10　二值化阈值分割

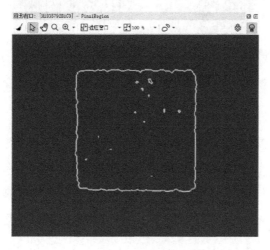

图 7-11　开运算

3）判断并显示结果，程序如下：

```
30.    *判断威化饼质量的指标:孔洞面积>300像素或矩形度<0.92,为NG
31.    if(AreaHoles>300 or Rectangularity<0.92)
32.    *NG产品显示为红色
33.        dev_set_color('red')
34.    *文字提示"Not OK"
35.        Text:='Not OK'
36.    else
37.    *良品显示草绿色
38.        dev_set_color('forest green')
39.    *文字提示"OK"
40.        Text:='OK'
41.    endif
42.    *显示处理结果,如图7-12所示
43.    dev_display(FinalRegion)
44.    *显示文字信息"Not OK"或"OK"
45.    disp_message(WindowHandle,Text,'window',12,12,'','false')
46.    *如果文件名后两位数值<24,总共24张图像,否则结束
```

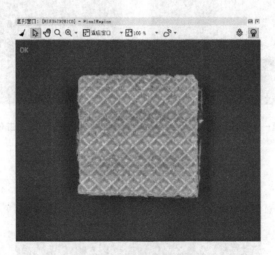

图7-12 显示处理结果

4)程序结束判断,程序如下:

```
47.    if(Index<24)
48.    *显示"Press Run(F5)to continue"信息,如图7-13所示
49.        disp_continue_message(WindowHandle,'black','true')
50.    *暂停
51.        stop()
52.    endif
53. endfor
```

NG 产品如图 7-14 所示。

图 7-13 显示继续提示

图 7-14 NG 威化饼

习　题

1. 常用形态学处理有＿＿＿＿、＿＿＿＿、＿＿＿＿和＿＿＿＿。
2. 常用的结构算子的形状有＿＿＿＿和＿＿＿＿。
3. 结构算子形状的选择依据是什么？

_____
_____
_____

项目 8

模板匹配

知识目标

1. 理解 Halcon 软件模板匹配的概念和作用。
2. 掌握模板图像的建立方法。
3. 掌握模板匹配的流程,以及优化匹配速度的方法。

能力目标

1. 了解模板匹配的流程。
2. 会用模板匹配的方法对图形进行定位。

素养目标

1. 提升图像识读能力和编程能力。
2. 培养图像分析能力。

项目导读

模板匹配是机器视觉工业现场中较为常用的一种定位方法。通过算法,在目标图像中找到模板图像的位置,即通过模板图像与目标图像之间的比对,从目标图像中寻找与模板图像灰度、边缘、外形结构等特征相似的图形,从图像的左上角开始,自左向右、自上向下划动,依次遍历整幅图像,根据不同的匹配算法,采用对应的规则来判断匹配的结果。一般来说,输入是设定的图像或者图像中区域,输出匹配目标图像中感兴趣区域的位置、相对模板图像的旋转角度、缩放比例以及匹配数量。Halcon 软件常用的模板匹配方式有许多,本项目主要分析基于形状的和基于相关性的模板匹配。

本项目的思维导图如下。

项目8 模板匹配

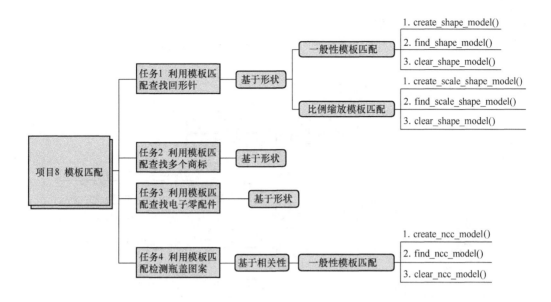

任务1 利用模板匹配查找回形针

【任务要求】

根据形状模板匹配对图 8-1 所示的回形针进行依次匹配。

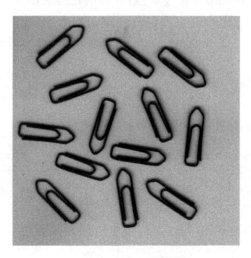

图 8-1 回形针图像

【知识链接】

基于形状的模板匹配也称基于边缘方向梯度的匹配,是一种最常用也最前沿的模板匹配算法之一。该算法以物体边缘的梯度相关性作为匹配标准,提取 ROI 中的边缘特征,结合灰度信息创建模板,并根据模板大小和清晰度要求生成多层级的图像金字塔模型,然后在图像金字塔层中自上而下逐层搜索模板图像，直到搜索到最底层或得到确定的匹配结果为止。Halcon 软件中形状模板匹配的算子为：创建模板算子 create_shape_model() 和匹配模板算子 find_shape_model()。

Halcon 软件形状模板匹配的流程如下。

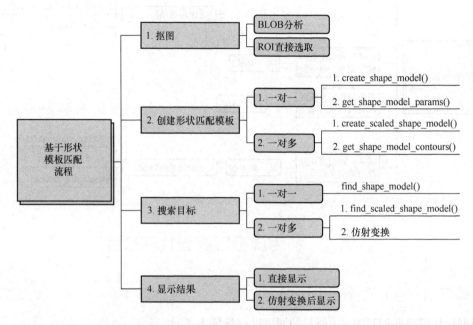

1）抠图。通过 BLOB 分析或者直接画 ROI，使用 reduce_domain() 算子，把要做模板的特征区域从背景中提取出来。

2）创建形状匹配模板。使用 create_shape_mode() 或 create_scaled_shape_model() 算子创建模板。

3）搜索目标。使用 find_shape_model() 或 find_scaled_shape_model() 算子在目标图像中搜索和模板相近的目标。

4）显示结果。使用仿射变换或者直接将结果显示出来。

> 算子释义：create_shape_model ()—— Prepare a shape model for matching。
>
> 格式：create_shape_model(Template : : NumLevels, AngleStart, AngleExtent, AngleStep, Optimization, Metric, Contrast, MinContrast : ModelID)。
>
> 参数：Template 为模板图像；NumLevels 为金字塔的最大层级——层级越高搜索越快；AngleStart, AngleExtent 为模板旋转的起始、终止角度——弧度；AngleStep 为角度步长，一般 ≥ 0 且 $\leq$ pi/16；Optimization 为设置模板优化和模板创建方法；Metric 为匹配方法设置；Contrast 为设置对比度；MinContrast 为设置最小对比度；ModelID 为模板窗口句柄。
>
> 作用：创建形状匹配模板。

例：create_shape_model (ImageReduced, 0, 0, rad(360),'auto ','no_pregeneration ','use_polarity ', 40, 10, ModelID)。

表示：创建形状匹配模板，模板的金字塔层数为 0，起始角度为 0°，终止角度为 360°，角度步长为 'auto'，模板优化方法为 'no_pregeneration'，匹配方法选择 'use_polarity'，则图像中的对象和模型中的对象必须具有相同的对比度；对比度为 40，最小对比度为 10，模板窗口的句柄名为 'ModelID'。

> 算子释义：find_shape_model()— Find the best matches of a shape model in an image.
> 格式：find_shape_model(Image : : ModelID, AngleStart, AngleExtent, MinScore, NumMatches, MaxOverlap, SubPixel, NumLevels, Greediness : Row, Column, Angle, Score).
> 参数：Image 为输入图像；ModelID 为模板窗口句柄；AngleStart, AngleExtent 为搜索时起始和终止角度；MinScore 为被找到的模板最小匹配度——大于或等于这个值才能被匹配，即 [0,1]，默认 0.5；NumMatches 为要找到的模板最大实例数，0 为不限制；MaxOverlap 为要找到的模型实例的最大重叠比例；SubPixel 为计算精度的设置；NumLevels 为搜索时金字塔的层级；Greediness 为贪婪度，搜索启发式，一般设为 0.8，值越高速度越快；Row, Column, Angle 为输出匹配位置的行和列坐标、角度；Score 为得分。
> 作用：进行形状模板匹配操作。

例：find_shape_model (Image, ModelID, 0, rad(360), 0.7, 13, 0.5, 'none',0, 0.9, Row, Column, Angle, Score)。

表示：利用创建的模板 ModelID，在图像变量 Image 中的图像上匹配所需的形状特征，起止角度为 '0°~360°'，最小匹配度为 '0.7'，最大匹配个数为 '13'，模型的最大重叠比例为 '0.5'，不使用亚像素精度，金字塔的层数与创建的模板金字塔相同，贪婪度为 '0.9'，输出匹配位置的行和列坐标、角度以及匹配得分。

【任务实施】

（程序见：\随书代码\项目 8 模板匹配\8-1 利用模板匹配查找回形针 .hdev）

首先获取图像，然后利用阈值分割筛选出需要匹配的特征区域，再根据特征区域建立一个模板，最后利用模板对原图像或者新图像进行检索，获取匹配结果，一次匹配一个。

1）读取图像并初始化，程序如下：

```
1. *读取图像
2. read_image(Image,'clip')
3. *获取图像尺寸大小
4. get_image_size(Image,Width,Height)
5. *关闭窗口
6. dev_close_window()
7. *新建一个图像窗口
8. dev_open_window(0,0,Width/2,Height/2,'black',WindowHandle)
9. *显示图像，如图 8-2 所示
10. dev_display(Image)
```

查找回形针

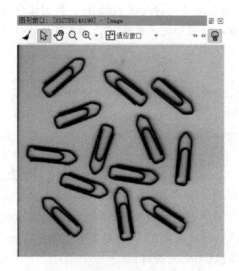
图 8-2 显示图像

图 8-3 选取左上角的回形针作为模板

2）选择特征创建模板，程序如下：

```
11. *阈值分割
12. threshold(Image,Regions,0,132)
13. *连通处理，打断各个区域
14. connection(Regions,ConnectedRegions)
15. *开运算，去除噪声
16. opening_rectangle1(ConnectedRegions,RegionOpening,5,5)
17. *选取左上角的回形针作为模板，如图 8-3 所示
18. select_shape(RegionOpening,SelectedRegions,'row1','and',0,72)
19. select_shape(SelectedRegions,SelectedRegions1,'column2',
    'and',100,500)
20. *填充
21. fill_up(SelectedRegions1,RegionFillUp)
22. *最小外接矩形
23. smallest_rectangle2(RegionFillUp,Row1,Column1,Phi,Length1,Length2)
24. *绘制最小外接矩形
25. gen_rectangle2(Rectangle,Row1,Column1,Phi,Length1,Length2)
26. *膨胀操作，将外接矩形扩大
27. dilation_rectangle1(Rectangle,RegionDilation,9,9)
28. *裁剪出一个回形针的图形为创建模板用，如图 8-4 所示
29. reduce_domain(Image,RegionDilation,ImageReduced)
30. *以 ImageReduced 创建模板，角度为 0°~360°
31. create_shape_model(ImageReduced,0,0,rad(360),0,'no_pregenera-
    tion','use_polarity',40,10,ModelID)
```

32. *获取模型参数
33. get_shape_model_params(ModelID,NumLevels,AngleStart,AngleExtent,AngleStep,ScaleMin,ScaleMax,ScaleStep,Metric,MinContrast)

3) 查找匹配特征,程序如下:

34. *查找匹配图形
35. find_shape_model(Image,ModelID,0,rad(360),0.7,13,0.5,'interpolation',0,0.9,Row,Column,Angle,Score)
36. *获取模型的轮廓contours
37. get_shape_model_contours(ModelContours,ModelID,1)

4) 显示匹配结果,程序如下:

38.   for i:=0 to|Score|-1 by 1
39. *计算刚性仿射变换矩阵
40.   vector_angle_to_rigid(0,0,0,Row[i],Column[i],Angle[i],HomMat2D)
41. *获得的模型轮廓旋转到匹配的轮廓,如图8-5所示
42.   affine_trans_contour_xld(ModelContours,ContoursAffinTrans,HomMat2D)
43.   endfor
44. *清除模板,释放内存
45. clear_shape_model(ModelID)

图 8-4 获取模板区域

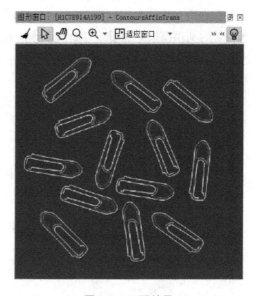

图 8-5 匹配结果

任务 2　利用模板匹配查找多个商标

【任务要求】

根据形状模板匹配对图 8-6 所示商标图像进行检索,并能一次查找出多个商标。

图 8-6　商标图像

【任务实施】

(程序见:\随书代码\项目 8 模板匹配\8-2 利用模板匹配查找多个商标 .hdev)

首先获取图像,然后利用阈值分割筛选出需要匹配的特征区域,再根据特征区域建立一个模板,最后利用模板对原图或者新图进行检索,获取匹配结果,一次匹配多个。

1)读取图像并初始化,程序如下:

```
1. *读取图像
2. read_image(Image,'green-dot')
3. *获取图像尺寸
4. get_image_size(Image,Width,Height)
5. *关闭图像
6. dev_close_window()
7. *新建一个图像窗口
8. dev_open_window(0,0,Width,Height,'black',WindowHandle)
9. *设定显示颜色
10. dev_set_color('red')
11. *显示图像,如图 8-7 所示
12. dev_display(Image)
```

查找多个商标

2）图像处理，提取特征区域，程序如下：

```
13. *阈值分割
14. threshold(Image,Region,0,128)
15. *连通域处理，打断不相连的区域
16. connection(Region,ConnectedRegions)
17. *选择面积在[10000,20000]之间的区域，就是选中中间圆的区域
18. select_shape(ConnectedRegions,SelectedRegions,'ar-
    ea','and',10000,20000)
19. *填充
20. fill_up(SelectedRegions,RegionFillUp)
21. *膨胀操作，将圆扩大
22. dilation_circle(RegionFillUp,RegionDilation,5.5)
23. *利用上一步的圆对原图进行裁剪，不改变图像大小，只是屏蔽圆以外的区域，如图8-8所
    示
24. reduce_domain(Image,RegionDilation,ImageReduced)
```

图 8-7　显示图像

图 8-8　提取中间箭头的圆形区域

3）创建各向同性比例缩放形状模板，程序如下：

```
25. *创建各向同性模板
26. create_scaled_shape_model(ImageReduced,5,rad(-45),rad(90),'au-
    to',0.8,1.0,'auto','none','ignore_global_polarity',40,10,ModelID)
27. *获取模板图形的轮廓，中心点在原点（0,0）位置，如图8-9所示
28. get_shape_model_contours(Model,ModelID,1)
29. *获取模板区域的中心和角度
30. area_center(RegionFillUp,Area,RowRef,ColumnRef)
31. *创建仿射矩阵，从坐标（0,0）移动到模板中心（RowRef,ColumnRef）
32. vector_angle_to_rigid(0,0,0,RowRef,ColumnRef,0,HomMat2D)
33. *对模板轮廓进行仿射变换，将其移动到模板中心，如图8-10所示
```

34. `affine_trans_contour_xld(Model,ModelTrans,HomMat2D)`
35. *在模板匹配中,常用仿射变换来显示结果的,每次完成匹配都需要把模板位置转移到目标位置
36. *显示图像
37. `dev_display(Image)`
38. *显示模板轮廓
39. `dev_display(ModelTrans)`

图 8-9 模板的轮廓,坐标(0,0)

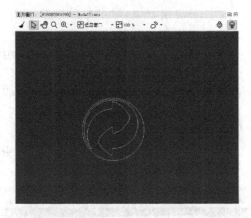

图 8-10 对模板轮廓进行仿射变换

4)检索特征,程序如下:

40. *读取要搜索的图像
41. `read_image(ImageSearch,'green-dots')`
42. *显示图像
43. `dev_display(ImageSearch)`
44. *搜索模板图形,允许缩放,旋转角度在(0°,360°)范围,搜索到的数量放在变量 Score 中
45. `find_scaled_shape_model(ImageSearch,ModelID,rad(0),rad(360),0.8, 1.0,0.5,0,0.5,'least_squares',5,0.8,Row,Column,Angle,Scale,Score)`
46. *对搜索到的每个形状进行放射变换,变换到原位置
47. `for I:=0 to |Score|-1 by 1`
48.   *创建单位矩阵
49.   `hom_mat2d_identity(HomMat2DIdentity)`
50.   *添加平移矩阵
51.   `hom_mat2d_translate(HomMat2DIdentity,Row[I],Column[I],HomMat2DTranslate)`
52.   *添加旋转变换
53.   `hom_mat2d_rotate(HomMat2DTranslate,Angle[I],Row[I],Column[I],HomMat2DRotate)`
54.   *添加比例缩放
55.   `hom_mat2d_scale(HomMat2DRotate,Scale[I],Scale[I],Row[I],Column[I],HomMat2DScale)`

```
56.    *进行仿射变换
57.    affine_trans_contour_xld(Model,ModelTrans,HomMat2DScale)
```

5）显示结果，程序如下：

```
58.    *显示变换结果，遍历图像，找到所有特征，如图 8-11 所示
59.    dev_display(ModelTrans)
60. endfor
61. *清除模型，释放内存
62. clear_shape_model(ModelID)
```

图 8-11　查找结果

任务 3　利用模板匹配查找电子零配件

【任务要求】

根据形状模板匹配对图 8-12 所示电子配件图像进行检索，一次查找多个特征。

图 8-12　电子配件图像

【任务实施】

（程序见：\随书代码\项目 8 模板匹配\8-3 利用模板匹配查找电子零配件.hdev）

首先获取图像，然后利用 ROI 绘制需要匹配的特征区域，再根据特征区域建立多个模板，最后利用模板对原图或者新图进行检索，获取匹配结果，一次匹配多个模板。

1）读取图像并初始化，程序如下：

```
1.  *获取图像
2.  read_image(Image,'Parts00.png')
3.  *获取图像尺寸
4.  get_image_size(Image,Width,Height)
5.  *关闭窗口
6.  dev_close_window()
7.  *新建一个窗口
8.  dev_open_window_fit_image(Image,0,0,-1,-1,WindowHandle)
9.  *显示获取图像，如图 8-13 所示
10. dev_display(Image)
```

查找电子
零配件

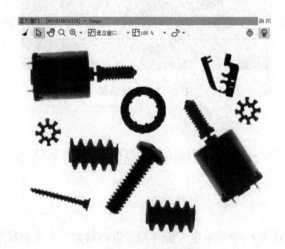

图 8-13 获取图像

2）绘制 ROI，获取区域，制作模板，程序如下：

```
11. *设定显示线宽
12. dev_set_line_width(2)
13. *利用 ROI 工具，在圆形垫圈上绘制圆形 ROI
14. gen_circle(ModelRegion,170.157,318.094,66.5761)
15. *裁剪制作模板 1，如图 8-14 所示
16. reduce_domain(Image,ModelRegion,TemplateImage)
17. *创建模板 1，金字塔层数为'auto',起始角度为 0°~360°,角度步长为 10°,优化选
       择'none',使用'极性',相似度评分为 30,最小评分为 5,模板的 ID 为 ModelID
```

```
18.   create_shape_model(TemplateImage,'auto',rad(0),rad(360),rad(10),'none',
      'use-polarity',30,5,ModelID)
19.   *获取模板1模板轮廓金字塔
20.   get_shape_model_contours(ModelContours,ModelID,1)
21.   *利用ROI工具在蜗杆上绘制矩形ROI
22.   gen_rectangle1(ModelRegion1,379.087,307.217,474.547,458.583)
23.   *裁剪制作模板2，如图8-15所示
24.   reduce_domain(Image,ModelRegion1,TemplateImage1)
25.   *创建模板2
26.   create_shape_model(TemplateImage1,'auto',rad(0),rad(360),rad(10),
      'none','use-polarity',30,5,ModelID1)
27.   *获取模板2模板轮廓金字塔
28.   get_shape_model_contours(ModelContours1,ModelID1,1)
```

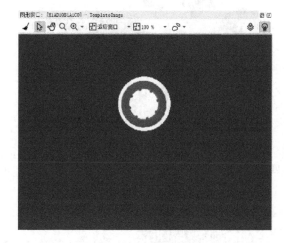
图 8-14　创建模板 1

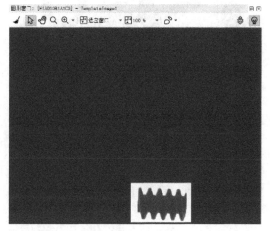
图 8-15　创建模板 2

3）依次读取图像进行模板匹配并显示匹配结果，程序如下：

```
29.   *依次获取图像，对图像进行检测
30.   TestImages:=['Parts01.png','Parts02.png']
31.   for T:=0 to |TestImages|-1 by 1
32.       *读取图像
33.       read_image(Image,TestImages[T])
34.       *模板匹配
35.       find_shape_models(Image,[ModelID,ModelID1],rad(0),rad(360),0.5,5,
          0.5,'least_squares',0,0.9,Row,Column,Angle,Score,Model)
36.       dev_display(Image)
37.       if(|Score|>=1)
```

4）显示结果，程序如下：

```
38.    *显示匹配结果，如图8-16所示
39.    dev_display_shape_matching_results([ModelID,ModelID1],['red','green'],
   Row,Column,Angle,1,1,Model)
40.    endif
41.    endfor
42.    *释放模板文件
43.  clear_shape_model(ModelID)
44.  clear_shape_model(ModellD1)
```

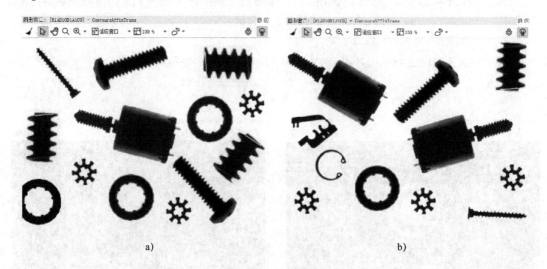

a)　　　　　　　　　　　　　　b)

图 8-16　匹配结果

任务 4　利用模板匹配检测瓶盖图案

【任务要求】

利用相关性模板匹配检测图 8-17 所示瓶盖图案。

图 8-17　瓶盖图案

【知识链接】

归一化相关性（Normalization Cross-Correlation，NCC）是基于统计学计算两组样本相关性的算法，其取值范围为 [–1，1]。对于图像来说，可将每个像素看成 RGB 的向量，整个图像就是一个样本集合，如果它有一个子集，与另一个样本数据相互匹配，则它的 NCC 值为 1，表示相关性最高；如果 NCC 值为 –1，表示完全无关。基于此原理实现模板的匹配识别。相关性模板匹配的算子为：创建模板算子 create_ncc_model() 和匹配模板算子 find_ncc_model()。

相关性模板匹配主要用在光照不均匀、明暗变化大或背景简单等场合，在 Halcon 软件中操作流程如下。

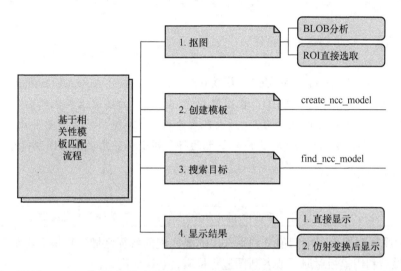

1）抠图。通过 BLOB 分析或者直接画 ROI，使用 reduce_domain() 算子，把要做模板的特征区域从背景中提取出来。

2）创建模板。使用 create_ncc_model() 算子创建模板。

3）搜索目标。使用 find_ncc_model() 算子在目标图像中搜索和模板相近的目标。

4）显示结果。使用仿射变换或者直接将结果显示出来。

算子释义：create_ncc_model ()— Prepare an NCC model for matching。

格式：create_ncc_model (Template : : NumLevels, AngleStart, AngleExtent, AngleStep, Metric: ModelID)。

参数：Template 为模板图像；NumLevels 为金字塔的最大层级——层级越高搜索越快；AngleStart, AngleExtent 为模板旋转的起始角度、终止角度——弧度；AngleStep 为角度步长；Metric 为匹配方法设置；ModelID 为模板窗口句柄。

作用：创建相关性匹配模板。

例：create_ncc_model (Image, 'auto', 0, 0, 'auto', 'use_polarity', ModelID)

表示：模板所在的图像为 Image，金字塔层数为自动计算，起始和终止角度为 0°，步长为自动计算，检测图像中的目标对象和模板中的目标对象具有相同的对比度"方向"，模板句柄为 ModelID。

算子释义：find_ncc_model()——Find the best matches of an NCC model in an image。

格　式：find_ncc_model(Image∷ModelID, AngleStart, AngleExtent, MinScore, NumMatches, MaxOverlap, SubPixel, NumLevels : Row, Column, Angle, Score)

参　数：Image 为输入图像；ModelID 为模板窗口句柄；AngleStart, AngleExtent 为搜索时起始和终止角度；MinScore 为被找到的模板最小分数——大于或等于这个值才能被匹配，即 [0,1]，默认 0.5；NumMatches 为要找到的模板最大实例数，0 为不限制；MaxOverlap 为要找到的模型实例的最大重叠比例；SubPixel 为计算精度的设置；NumLevels 为搜索时金字塔的层级；Row, Column, Angle 为输出匹配位置的行坐标、列坐标、角度；Score 为得分。

作　用：进行相关性模板匹配操作。

例：find_ncc_model (Image, ModelID, 0, 0, 0.5, 1, 0.5, 'true', 0, Row, Column, Angle, Score)。

表示：利用创建的模板 ModelID，在图像变量 Image 中的图像上匹配所需的形状特征，起始和终止角度为 0°，最小匹配度为 0.5，最大匹配个数为 1，模型的最大重叠比例为 0.5，使用亚像素精度，金字塔的层数为 0，输出匹配位置的行和列坐标、角度以及匹配得分。

【任务实施】

（程序见：\随书代码\项目 8 模板匹配\8-4 利用相关性模板匹配检测瓶盖图案.hdev）

首先获取图像，然后利用阈值分割筛选出需要匹配的特征区域，再根据特征区域建立一个 NCC 模板，最后利用模板对原图或者新图进行检索，获取匹配结果。

1）读取图像并初始化，程序如下：

```
1.  *读取图像
2.  read_image(Image,'cap_exposure/cap_exposure_03')
3.  *获取图像尺寸
4.  get_image_size(Image,Width,Height)
5.  *关闭当前窗口
6.  dev_close_window()
7.  *新建一个窗口，和图像大小一致
8.  dev_open_window_fit_image(Image,0,0,-1,-1,WindowHandle)
9.  *设定显示字体
10. set_display_font(WindowHandle,16,'mono','true','false')
11. *显示图像，如图 8-18 所示
12. dev_display(Image)
```

检测瓶盖图案

2）获取模板区域，程序如下：

```
13. *增强对比度
14. scale_image_max(Image,ImageScaleMax)
```

```
15. *阈值分割
16. threshold(ImageScaleMax,Regions,34,255)
17. *填充孔洞
18. fill_up(Regions,RegionFillUp)
19. *开运算,去除噪声
20. opening_circle(RegionFillUp,RegionOpening,150)
21. *获取区域中心
22. area_center(RegionOpening,Area,RowRef,ColumnRef)
23. *裁剪图像,获得区域ImageReduced,用于创建模板,如图8-19所示
24. reduce_domain(Image,RegionOpening,ImageReduced)
```

图8-18 显示图像

图8-19 获取模板区域

3)创建NCC模板,程序如下:

```
25. *创建NCC模板
26. create_ncc_model(ImageReduced,'auto',0,0,'auto','use_polari-
    ty',ModelID)
27. *设定显示模式为'margin',显示边缘
28. dev_set_draw('margin')
29. dev_display(Image)
30. dev_set_color('yellow')
31. dev_display(ImageReduced)
32. disp_message(WindowHandle,' 创建NCC模板 ','window',12,12,'black','true')
33. stop()
```

4)模板匹配,程序如下:

```
34. *依次读取10张测试图像
35. for J:=1 to 10 by 1
```

36.	* 读取图像，图像文件名为 cap_exposure_**
37.	read_image(Image,'cap_exposure/cap_exposure_'+J$'02')
38.	* 匹配模型
39.	find_ncc_model(Image,ModelID,0,0,0.5,1,0.5,'true',0,Row,Column,Angle,Score)
40.	dev_display(Image)

5）显示结果，程序如下：

41.	* 显示匹配结果，如图 8-20 所示
42.	dev_display_ncc_matching_results(ModelID,'green',Row,Column,Angle,0)
43.	* 显示消息
44.	disp_message(WindowHandle,'找到NCC模型','window',12,12,'black','true')
45.	if(J<10)
46.	* 如果已读张数不到 10 张，提示按 <F5> 键继续
47.	disp_continue_message(WindowHandle,'black','true')
48.	endif
49.	stop()
50.	endfor
51.	clear_ncc_model(ModelID)

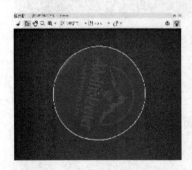  

图 8-20　匹配结果

习　题

1. 什么是模板匹配？
___
___
___

2. 创建模板是匹配的前提，一般情况下，如何创建模板？
___
___
___

3. 常用的模板匹配的方法有哪些？
___
___
___

4. 刚性仿射变换矩阵的作用是什么？
___
___
___

5. 查阅资料，找出提高匹配速度的方法。
___
___
___

6. 程序阅读，为程序添加注释。

```
1.  read_image(Image,'smd/smd_on_chip_05')
2.  get_image_size(Image,Width,Height)
3.  dev_close_window()
4.  dev_open_window(0,0,Width,Height,'black',WindowHandle)
5.  set_display_font(WindowHandle,16,'mono','true','false')
6.  dev_set_color('green')
7.  dev_set_draw('margin')
8.  gen_rectangle1(Rectangle,175,156,440,460)
9.  area_center(Rectangle,Area,RowRef,ColumnRef)
10. reduce_domain(Image,Rectangle,ImageReduced)
11. create_ncc_model(ImageReduced,'auto',0,0,'auto','use_polari-
        ty',ModelID)
12. dev_display(Image)
13. dev_display(Rectangle)
14. for J:=1 to 11 by 1
15.     read_image(Image,'smd/smd_on_chip_'+J$'02')
```

16.	find_ncc_model(Image,ModelID,0,0,0.5,1,0.5,'true',0,Row,Column,Angle,Score)
17.	dev_display(Image)
18.	dev_display_ncc_matching_results(ModelID,'green',Row,Column,Angle,0)
19.	if(J<11)
20.	disp_continue_message(WindowHandle,'black','true')
21.	endif
22. endfor	
23. clear_ncc_model(ModelID)	

项目 9

边 缘 检 测

知识目标

1. 掌握像素级边缘提取的算子，学会使用边缘滤波器提取图像中特征的边缘。
2. 掌握亚像素级边缘提取的算子，学会亚像素边缘提取、拟合及 XLD 特征选择的方法。

能力目标

1. 掌握亚像素边缘轮廓的提取方法。
2. 会用亚像素边缘轮廓对图像进行分割操作，获取所需要的特征。

素养目标

1. 养成仔细认真的工作态度。
2. 加强自主学习意识。

项目导读

　　边缘检测和阈值分割是图像分割的两种工具。区域的边缘是图像中灰度值变化强烈的地方，是不同区域之间的界限，一般是区域的连续性发生跳跃性突变的位置，是图像中特征与特征之间区分的依据。针对边缘特征的检测和计算，可以获取区域的边缘轮廓，在视觉处理中也可作为图像分割处理的方式。在机器视觉系统中有许多常用的算子，如 Sobel() 算子、Laplace() 算子和 Canny() 算子等。边缘的提取可以分为像素级边缘提取和亚像素级边缘提取。本项目将通过两个任务，来掌握边缘检测的方法。

　　本项目的思维导图如下。

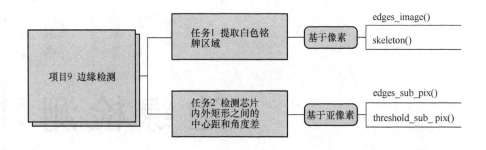

任务1 提取白色铭牌区域

【任务要求】

利用 edges_image() 算子提取图 9-1 所示机床图像中白色的铭牌区域。

图 9-1 机床图像

【知识链接】

使用边缘提取得到的边缘是大于一个像素的轮廓,因此要对所得到的图像进行骨架化,从而得到比较清晰的边缘轮廓,有时候还需要进行非最大抑制处理。常用的像素级边缘提取采用 edges_image() 算子。

算子释义：edges_image()—— Extract edges using Deriche, Lanser, Shen, or Canny filters。
格式：edges_image(Image : ImaAmp, ImaDir: Filter, Alpha, NMS, Low, High :)。
参数：Image 为输入图形；ImaAmp 为输出图像的边缘振幅；ImaDir 为输出方向；Filter 为输入滤波器；Alpha 为输入平滑系数；NMS 为输入非极大值抑制；Low，High 为输入滞后阈值下限、上限。
作用：使用某种滤波器提取边缘。

例：edges_image (Image, ImaAmp, ImaDir, 'canny', 1, 'nms', 20, 40)。

表示：对图像变量 Image 中的图像进行边缘提取，边缘振幅为 ImaAmp，输出方向为 ImaDir，滤波器为 'canny'，平滑系数为 '1'，使用非极大值抑制，滞后阈值下限为 20，上限为 40。

edges_image() 是使用递归实现的滤波器进行边缘检测，使得边缘更加细化，精度较高，另外还有一些其他的滤波器算子，如传统的 Sobel 滤波器、laplace 滤波器、laplace_of_gauss 滤波器等，在 edges_image() 算子中的 Filter 选项中可以选择需要的滤波器。

边缘滤波器选用原则如下：

1）产生的输出信噪比要最大化，可以降低对边缘点的错检和漏检。
2）提取出来的位置方差要最小化，可以使提取出来的边缘更靠近真正的边缘。
3）提取出来的边缘位置之间的距离要最大化，滤波器对每个真正的边缘只返回唯一的一个边缘，可以避免多重响应。

一个图像的"骨骼"是指图像中央的骨骼部分，是描述图像几何拓扑性质的重要特征之一。骨骼提取是通过选定合适的结构元素 B，对区域进行连续腐蚀和开运算来求得。骨骼的算子为：skeleton()。

> 算子释义：skeleton ()— Compute the skeleton of a region。
> 格式：skeleton(Region : Skeleton : :)
> 参数：Region 为输入图形；Skeleton 为输出区域骨骼。
> 作用：计算区域的骨骼。

例：skeleton (Region, Skeleton)。
表示：计算区域 Region 的骨骼。

通常 skeleton()、junctions_skeleton() 和 difference() 三个算子连用，使用 skeleton() 算子提取骨骼，用 junctions_skeleton() 算子获取骨骼端点和关节点，通过布尔差 difference() 算子求出区域边缘。

【任务实施】

（程序见：随书代码 \ 项目 9 边缘检测 \9-1 提取白色铭牌区域 .hdev）

1）读取图像并初始化，程序如下：

```
1.  *获取图像
2.  read_image(Image,'fabrik')
3.  *关闭窗口
4.  dev_close_window()
5.  *获取图像尺寸大小
6.  get_image_size(Image,Width,Height)
7.  *新建一个窗口，和图像大小一致
8.  dev_open_window(0,0,Width,Height,'black',WindowID)
9.  *显示获取图像，如图 9-2 所示
10. dev_display(Image)
```

提取白色铭牌区域

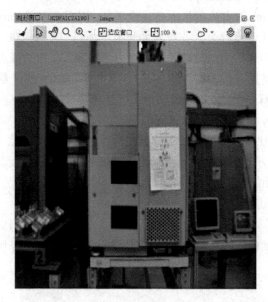

图 9-2 获取图像

2）图像处理，程序如下：

```
11. *提取边缘，利用'canny'算子提取边缘轮廓，如图9-3所示
12. edges_image(Image,ImaAmp,ImaDir,'canny',0.5,'nms',8,16)
13. *阈值分割
14. threshold(ImaAmp,Region,8,255)
15. *提取骨架，可以使轮廓更清晰
16. skeleton(Region,Skeleton)
17. *求骨骼的端点和关节点，如图9-4所示
18. junctions_skeleton(Skeleton,EndPoints,JuncPoints)
19. *布尔差，从骨骼去除关节点，把骨骼分割成单点像素宽度、无分支区域，如图9-5所示
20. difference(Skeleton,JuncPoints,SkelWithoutJunc)
21. *连通域处理
22. connection(SkelWithoutJunc,SingleBranches)
23. *特征选择，利用特征直方图根据'area'进行选择，如图9-6所示
24. select_shape(SingleBranches,SelectedBranches,'area','and',370,390)
25. *最小外接矩形
26. smallest_rectangle2(SelectedBranches,Row,Column,Phi,Length1,Length2)
27. *绘制最小外接矩形
28. gen_rectangle2(Rectangle,Row,Column,Phi,Length1,Length2)
29. *裁剪铭牌区域
30. reduce_domain(Image,Rectangle,ImageReduced)
```

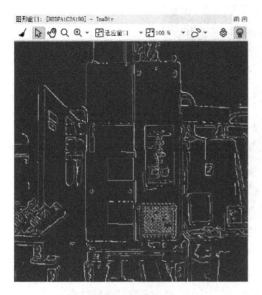

图 9-3 边缘提取

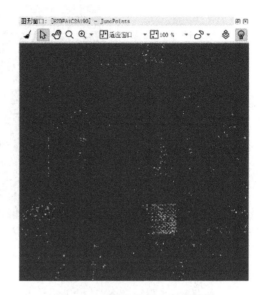

图 9-4 求骨骼的端点和关节点

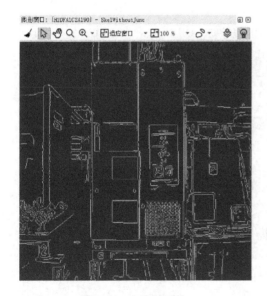

图 9-5 布尔差运算

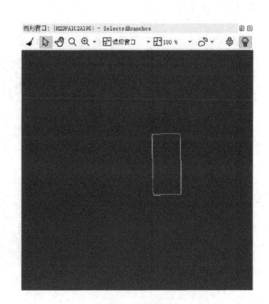

图 9-6 特征选择

3）显示结果，程序如下：

```
31. *清除窗口
32. dev_clear_window()
33. *显示铭牌区域，最终结果如图 9-7 所示
34. dev_display(ImageReduced)
```

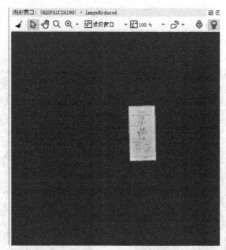

图 9-7　最终结果

任务 2　检测芯片内外矩形之间的中心距和角度差

【任务要求】

求图 9-8 所示芯片图像内外矩形的中心距和角度偏差。

图 9-8　芯片图像

【知识链接】

像素是成像面的基本单位也是最小单位，其像素间存在一定的距离。在成像时，对物理世界中连续的图像进行了离散化处理，这时成像面上每一个像素点只代表其附近的颜色。而两个像素之间有距离的存在，虽然在宏观上可以看作是连在一起的，但在微观上它们之间还有无限更小的东西存在，是两个物理像素之间的"像素"，称为"亚像素"。Halcon 软件中以"_XLD"结尾的算子都是用来处理亚像素轮廓的算子。最常用的提取亚像素轮廓的算子为：edges_sub_pix()。

算子释义：edges_sub_pix ()— Extract sub-pixel precise edges using Deriche, Lanser, Shen, or Canny filters。

格式：edges_sub_pix(Image : Edges : Filter, Alpha, Low, High :)。

参数：Image 为输入图形；Edges 为输出的 XLD 轮廓；Filter 为输入滤波器；Alpha 为输入平滑系数，Low，High 为输入滞后阈值下限、上限。

作用：使用某种滤波器提取轮廓边缘亚像素轮廓。

例：edges_sub_pix (Image, Edges, 'canny', 1, 20, 40)。

表示：对图像变量 Image 中的图像进行亚像素提取，采用 canny 过滤器，平滑系数为 1，滞后阈值下限为 20、上限为 40，提取结果放入变量 Edges 中。

算子释义：threshold_sub_pix()—— Extract level crossings from an image with subpixel accuracy。

格式：threshold_sub_pix(Image : Border : Threshold :)。

参数：Image 为输入图形；Border 为输出的 XLD 轮廓；Threshold 为临界灰度值。

作用：使用临界灰度值进行阈值分割，提取边缘亚像素轮廓。

例：threshold_sub_pix (Image, Border, 128)。

表示：用临界灰度值 128 作为阈值对图像变量 Image 中的图形进行阈值分割，提取边缘亚像素轮廓。

【任务实施】

（程序见：随书代码\项目 9 边缘检测\9-2 检测芯片内外矩形之间的中心距和角度差.hdev）

通过图像处理，选择内矩形，求出其中心和倾斜角度，然后求出外矩形的中心和倾斜角度，再通过两点求距离，最后求出角度差。

1）读取图像并初始化，程序如下：

```
1. *获取图像
2. read_image(Image,'die_on_chip')
3. *获取图像尺寸
4. get_image_size(Image,Width,Height)
5. *关闭窗口
6. dev_close_window()
7. *新建一个窗口，大小为图像尺寸的一半，背景为亮灰色。
8. dev_open_window(0,0,Width*2,Height*2,'lightgray',WindowID)
9. *显示图像，如图 9-9 所示
10. dev_display(Image)
11. *设定窗口字体显示样式
```

检测芯片内外矩形之间的中心距和角度差

```
12. set_display_font(WindowID,16,'mono','true','false')
13. *设定显示线宽
14. dev_set_line_width(2)
15. *填充方式为'fill'
16. dev_set_draw('fill')
```

图 9-9　读取图像

2）提取内部小矩形区域，程序如下：

```
17. *快速阈值分割
18. fast_threshold(Image,Region,120,255,20)
19. *开运算
20. opening_rectangle1(Region,RegionOpening,4,4)
21. *连通域处理
22. connection(RegionOpening,ConnectedRegions)
23. *填充
24. fill_up(ConnectedRegions,RegionFillUp)
25. *选择中间白色矩形，如图 9-10 所示
26. select_shape(RegionFillUp,SelectedRegions,['rectangularity','area'],'and',[0.8,700],[1,99999])
27. *求最小外接矩形
28. smallest_rectangle2(SelectedRegions,Row,Column,Phi,Length1,Length2)
29. *绘制最小外接矩形
30. gen_rectangle2(Rectangle,Row,Column,Phi,Length1,Length2)
31. *把区域缩小到边界内，获取边界，先膨胀，再裁剪，可以获取边界区域
32. boundary(Rectangle,RegionBorder,'inner_filled')
33. *膨胀
34. dilation_rectangle1(RegionBorder,RegionDilation,4,4)
35. *裁剪获取中间矩形的边缘区域，如图 9-11 所示
```

```
36.  reduce_domain(Image,RegionDilation,ImageReduced)
37.  dev_clear_window()
38.  dev_display(ImageReduced)
39.   stop()
```

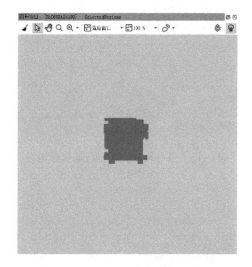

图 9-10　选择中间白色区域

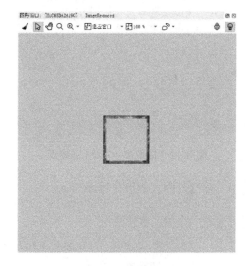

图 9-11　获取边缘区域

3）提取中间小矩形 XLD 轮廓，程序如下：

```
40. *获取 XLD 轮廓，如图 9-12 所示
41. edges_sub_pix(ImageReduced,Edges,'canny',1.5,30,40)
42. *对边缘轮廓进行分割
43. segment_contours_xld(Edges,ContoursSplit,'lines',5,2,2)
44. *根据 'contour_length' 选择轮廓
45. select_contours_xld(ContoursSplit,SelectedContours1,'contour_
    length',10,99999,-0.5,0.5)
46. *对选择的轮廓进行拟合操作
47. union_adjacent_contours_xld(SelectedContours1,UnionCon-
    tours1,30,1,'attr_keep')
48. *根据轮廓拟合矩形，获取矩形边界如图 9-13 所示
49. fit_rectangle2_contour_xld(UnionContours1,'tukey',-1,0,0,3,2,Row1,
    Column1,Phi1,Length11,Length12,PointOrder1)
50. *绘制矩形
51. gen_rectangle2_contour_xld(Rectangle1,Row1,Column1,Phi1,Length11,
    Length12)
```

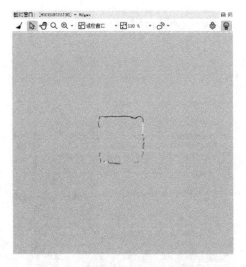

图 9-12 提取小矩形 XLD 轮廓　　图 9-13 拟合轮廓曲线，获取矩形边界

4）筛选外圈大矩形，程序如下：

```
52. *快速阈值分割
53. fast_threshold(Image,Region1,65,255,20)
54. *连通域处理
55. connection(Region1,ConnectedRegions1)
56. *开运算
57. opening_rectangle1(ConnectedRegions1,RegionOpening1,10,10)
58. *填充
59. fill_up(RegionOpening1,RegionFillUp1)
60. *选择大矩形
61. select_shape(RegionFillUp1,SelectedRegions1,'area','and',
    1000,99999)
62. *获取大矩形的边界
63. boundary(SelectedRegions1,RegionBorder1,'inner')
64. *对大矩形边界进行膨胀操作，如图 9-14 所示
65. dilation_rectangle1(RegionBorder1,RegionDilation1,10,10)
66. *裁剪出大矩形边界，如图 9-15 所示
67. reduce_domain(Image,RegionDilation1,ImageReduced1)
68. dev_clear_window()
69. dev_display(ImageReduced1)
70. stop()
```

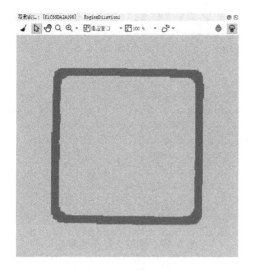
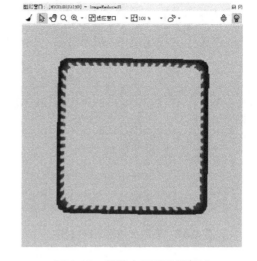

图 9-14 膨胀边界　　　　　图 9-15 获取大矩形边界区域

5）提取大矩形 XLD 轮廓，程序如下：

```
71. *获取大矩形XLD轮廓，如图9-16所示
72. threshold_sub_pix(ImageReduced1,Border1,70)
73. *对XLD轮廓进行分割
74. segment_contours_xld(Border1,ContoursSplit2,'lines',5,2,2)
75. *选择长度在[30,99999]范围的XLD
76. select_contours_xld(ContoursSplit2,SelectedContours2,'contour_length',30,99999,-0.5,0.5)
77. *将选择的轮廓线合并
78. union_adjacent_contours_xld(SelectedContours2,UnionContours2,30,1,'attr_keep')
79. *拟合矩形
80. fit_rectangle2_contour_xld(UnionContours2,'tukey',-1,0,0,3,2,Row2,Column2,Phi2,Length21,Length22,PointOrder2)
81. *绘制拟合的矩形，如图9-17所示
82. gen_rectangle2_contour_xld(Rectangle2,Row2,Column2,Phi2,Length21,Length22)
83. dev_clear_window()
84. dev_display(Rectangle1)
```

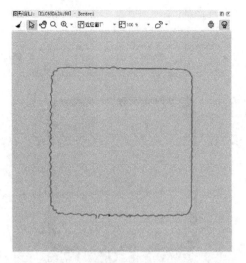
图 9-16 获取大矩形 XLD 轮廓

图 9-17 获取大矩形边界图

6）计算结果，程序如下：

```
85.    *获取小矩形的中心和角度
86.    gen_cross_contour_xld(Cross1,Row1,Column1,6,Phi1)
87.    dev_display(Cross1)
88.    dev_set_color('yellow')
89.    dev_display(Rectangle2)
90.    *获取大矩形的中心和角度
91.    gen_cross_contour_xld(Cross2,Row2,Column2,6,Phi2)
92.    dev_display(Cross2)
93.    *根据点到点计算两矩形中心的距离
94.    distance_pp(Row1,Column1,Row2,Column2,Distance)
95.    *计算两矩形的角度差
96.    DifferenceOrientation:=Phi1-Phi2
```

7）显示结果，程序如下：

```
97.     *设定显示位置
98.     set_tposition(WindowID,10,10)
99.     *显示两矩形中心距
100.    write_string(WindowID,'芯片的内外矩形中心距为:'+Distance$'.3'+'pixel')
101.    set_tposition(WindowID,25,10)
102.    *显示两矩形的角度差，如图 9-18 所示
103.    write_string(WindowID,'芯片的内外角度差为 :'+deg(DifferenceOri-
        entation)$'.2'+'deg')
```

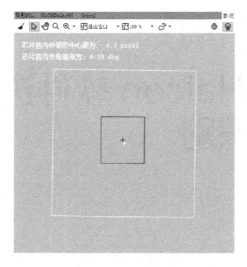

图 9-18 检测结果

习　　题

1. _____和_____是图像分割的两种工具。
2. 边缘检测按照像素的级别可以分为_____和_____两种。
3. 边缘检测滤波器选择需要注意什么？
_____
_____
_____
4. 像素边缘检测与亚像素边缘检测的区别是什么？
_____
_____
_____

项目 10
利用 Halcon 软件进行信息识别

知识目标
1. 了解二维码的概念。
2. 掌握 Halcon 软件中二维码处理的过程。
3. 掌握 OCR 字符创建与识别操作。

能力目标
1. 能够根据二维码的样式来选择合适的参数。
2. 能够做一个简单的读码器。

素养目标
1. 熟悉视觉工程师的工作任务，制订职业计划。
2. 有团队合作意识，按照企业的工作模式分组协作。

项目导读

随着图像处理技术的发展，各类图像算法的不断涌现，机器视觉技术在各领域中的应用越来越广泛，特别是一些非标自动化生产线，配合机器人的操作，可以大幅度地提高生产率。信息识别是机器视觉系统常见的应用之一，当前许多产品的资料都是以二维码或字符标识来显示。本项目主要完成两个任务，任务 1 是识别产品的二维码信息，任务 2 是训练与识别 OCR 字符。

任务 1　识别产品的二维码信息

【任务要求】

图 10-1 所示为一个垫板件图像，需要检测的是其上二维码的信息，每个垫板件的位置不确定，二维码标签也可能会贴斜，利用视觉检测识别二维码信息。

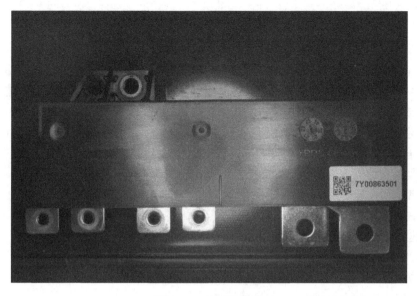

图 10-1 垫板件图像

【任务解决思路】

获取图像后，首先通过图像处理，将二维码区域和其他部分区分开，然后利用阈值分割，准确地提取出二维码标签，再通过仿射变换，校正二维码，最后通过 Halcon 软件二维码识别算子对二维码进行读取识别，思维导图如图 10-2 所示。

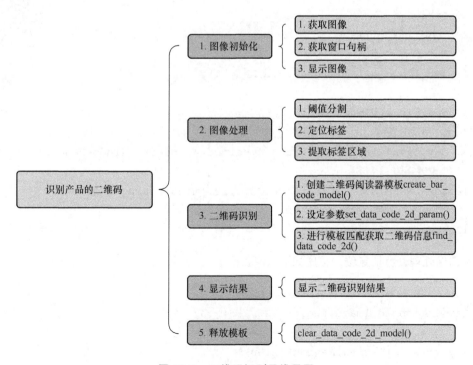

图 10-2 二维码识别思维导图

【知识要点】

二维条码/二维码是用某种特定的几何图形按一定规律在平面（二维方向上）分布的、黑白相间的、记录数据符号信息的图形。它在代码编制上巧妙地利用构成计算机内部逻辑基础的"0""1"比特流的概念，使用若干个与二进制相对应的几何图形来表示文字数值信息，通过图像输入设备或光电扫描设备自动识读以实现信息自动处理。它具有条码技术的一些共性：每种码制有其特定的字符集；每个字符占有一定的宽度；具有一定的校验功能等。同时还具有对不同行的信息自动识别功能，以及处理图形旋转变化点。常见的二维码为 QR Code。QR（Quick Response）是一种编码方式，QR Code 比传统的 Bar Code 条形码能存更多的信息，也能表示更多的数据类型。

Halcon 软件中检测二维码的步骤如下。

1）创建二维码阅读器模板 create_bar_code_model()。
2）设置二维码阅读器模板参数 set_data_code_2d_param()。
3）检测和读取图像中的二维码 find_data_code_2d()。
4）获取解读二维码标志时计算得到的结果。
5）释放二维码阅读器模板 clear_data_code_2d_model()。

【任务实施】

（程序见：随书代码\项目 10 利用 Halcon 软件进行信息识别\10-1OCR 训练 .hdev）

1）读取图像并初始化，程序如下：

```
1. *读取图像
2. read_image(Image,'二维码.bmp')
3. *获取图像大小
4. get_image_size(Image,Width,Height)
5. *关闭窗口
6. dev_close_window()
7. *打开新的窗口，大小为图像尺寸的 1/4
8. dev_open_window(0,0,Width/4,Height/4,'black',WindowHandle)
9. *设置字体
10. set_display_font(WindowHandle,20,'mono','true','false')
11. *显示原图像，如图 10-3 所示
12. dev_display (Image)
```

识别产品的二维码信息

2）图像处理，特征定位，程序如下：

```
13. *阈值分割，选取白色，如图 10-4 所示
14. threshold(Image,Region,128,255)
15. *填充孔洞
16. fill_up(Region,RegionFillUp)
17. *连通域处理，如图 10-5 所示
```

18. `connection(RegionFillUp,ConnectedRegions)`
19. *以"矩形度"为过滤条件筛选图像
20. `select_shape(ConnectedRegions,SelectedRegions,'rectangularity','and',0.7781,1)`
21. *以"面积"为过滤条件,筛选结果如图 10-6 所示
22. `select_shape(SelectedRegions,SelectedRegions1,'area','and',95428.6,200000)`
23. *裁剪图像,不改变原图大小,相当于屏蔽选中区域以外的部分,如图 10-7 所示
24. `reduce_domain(Image,SelectedRegions1,ImageReduced)`
25. *将标签从原图中裁剪出来,大小发生改变,如图 10-8 所示
26. `crop_domain(ImageReduced,ImagePart)`

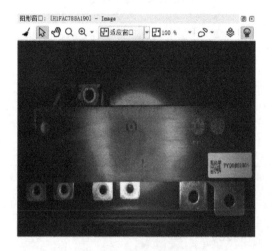

图 10-3 显示原图像

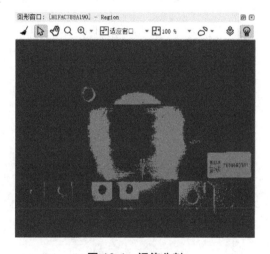

图 10-4 阈值分割

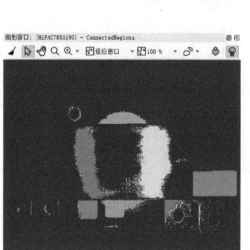

图 10-5 连通域处理

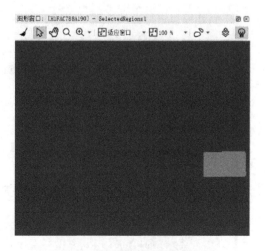

图 10-6 根据特征选择标签区域

图 10-7 裁剪区域　　　　　　　图 10-8 裁剪图像

```
27. *获取裁剪后标签图像的尺寸，变量值如图10-9所示
28. get_image_size(ImagePart,Width1,Height1)
29. *显示原图像
30. dev_display(Image)
```

控制变量

Width	3072
Height	2048
WindowHandle	H1FAC788A…
Width1	569
Height1	266

图 10-9 尺寸的变量值

3）新建窗口进行区域处理，程序如下：

```
31. *重新打开一个窗口，如图10-10所示
32. dev_open_window(0,200,Width1,Height1,'black',WindowHandle1)
33. *显示标签
34. dev_display(ImagePart)
35. *阈值分割
36. threshold(ImagePart,Region1,128,255)
37. *填充孔洞
38. fill_up(Region1,RegionFillUp1)
39. *闭运算
40. closing_rectangle1(RegionFillUp1,RegionClosing,10,10)
41. *求最小外接矩形，rectangle2带角度，求出此角度，为仿射变换做准备
42. smallest_rectangle2(RegionClosing,Row,Column,Phi,Length1,Length2)
```

```
43. *计算旋转变换矩阵
44. vector_angle_to_rigid(Row,Column,Phi,Row,Column,0,HomMat2D)
45. *进行仿射变换,校正标签位置,如图10-11所示
46. affine_trans_image(ImagePart,ImageAffineTrans,HomMat2D,'constant',
    'false')
```

图 10-10　新建窗口　　　　　　图 10-11　仿射变换

4）识别二维码，程序如下：

```
47. *创建二维码模型
48. create_data_code_2d_model('QR Code',[],[],DataCodeHandle1)
49. *查找匹配二维码,如图10-12所示
50. find_data_code_2d(ImageAffineTrans,SymbolXLDs,DataCodeHandle1,[],
    [],ResultHandles,DecodedDataStrings)
```

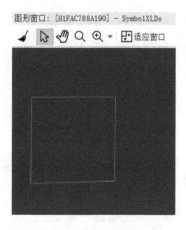

图 10-12　匹配二维码的位置

5)显示结果,程序如下:

```
51. *显示标签
52. dev_display(ImageAffineTrans)
53. *显示查找匹配结果
54. dev_display(SymbolXLDs)
55. *设定显示位置
56. set_tposition(WindowHandle1,Row-100,Column-80)
57. *显示二维码读取信息,如图10-13所示
58. write_string(WindowHandle1,DecodedDataStrings)
59. *释放二维码模型
60. clear_data_code_2d_model (DataCodeHandle1)
```

图 10-13　处理结果

任务 2　训练与识别 OCR 字符

【任务要求】

图 10-14 为存储卡包装图像,检测识别"海雀 MicroSDXC 存储卡"这串字符。

图 10-14　存储卡包装图像

【任务解决思路】

OCR 识别思路如图 10-15 所示。

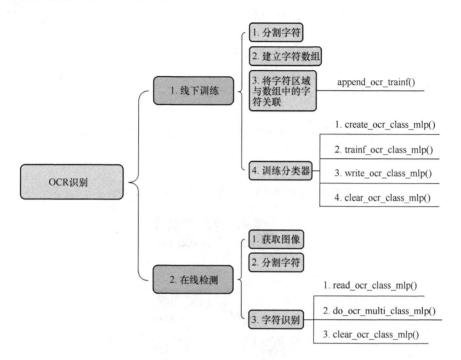

图 10-15　OCR 识别思路

【知识要点】

光学字符识别（Optical Character Recognition，OCR）是利用光学技术和计算机技术把印在或写在纸上的文字读取出来，并转换成一种计算机能够接受、人又可以理解的格式的技术。文字识别是机器视觉研究领域的分支之一。

光学字符识别流程如下。

1）读取样本图像。先对样本中已知字符进行区域分割，为已知字符创建一个数组，然后利用 append_ocr_trainf() 算子将区域形状与字符建立对应关联，存放到一个训练文件中。

2）训练分类器。首先创建一个分类器，可以使用 create_ocr_class_mlp() 算子创建一个基于 MLP 的分类器，然后用 trainf_ocr_class_mlp() 算子训练基于 ".trf" 文件的分类器，再用 write_ocr_class_mlp() 算子将 OCR 分类器写入文件，最后使用 clear_ocr_class_mlp() 算子清除分类器，释放内存。

【任务实施】

一、OCR 字符训练

（程序见：随书代码\项目 10 利用 Halcon 软件进行信息识别\10-2OCR 训练.hdev）

1）读取图像并初始化，程序如下：

```
1.  *读取图像
2.  read_image(Image12,'字符.png')
3.  *获取图像大小
4.  get_image_size(Image12,Width,Height)
5.  *关闭窗口
6.  dev_close_window()
7.  *打开新窗口
8.  dev_open_window(0,0,Width/5,Height/5,'black',WindowHandle)
9.  *彩色图像转为灰度图像，如图10-16所示
```

字符训练

图10-16 彩色图像转为灰度图像

2）图像处理，程序如下：

```
10. rgb1_to_gray(Image12,GrayImage)
11. *绘制ROI区域
12. gen_rectangle1(ROI_0,1146.46,431.976,1457.5,2587.22)
13. *裁剪区域，如图10-17所示
14. reduce_domain(GrayImage,ROI_0,ImageReduced)
15. *阈值分割
16. threshold(ImageReduced,Region,0,100)
17. *膨胀处理
18. dilation_rectangle1(Region,RegionDilation,5,36)
19. *打断处理
20. connection(RegionDilation,ConnectedRegions1)
21. *形状转换，如图10-18所示
22. shape_trans(ConnectedRegions1,RegionTrans,'rectangle1')
23. *计算两区域的交集，是将汉字的分散的笔画，组成一个区域，如图10-19所示
```

```
24. intersection(RegionTrans,Region,RegionIntersection)
25. *将字符区域排序
26. sort_region(RegionIntersection,SortedRegions,'first_point','true',
    'column')
27. *计算区域数量
28. count_obj(SortedRegions,Number)
```

图 10-17　裁剪区域

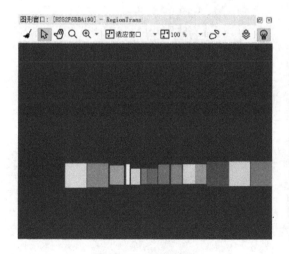

图 10-18　形状转换

图 10-19　求交集

3）分割并存储字符，程序如下：

```
29. *将各字符存储到数组中，如图 10-20 所示
30. class1:=['海','雀','M','i','c','r','o','S','D','X','C','存','储','卡']
31. *删除文件 'train_ocr.trf'，训练的字符要放入 'train_ocr.trf' 文件中
32. *在程序调试过程中，delete_file('train_ocr.trf') 运行后，可将这条语句注释掉，
    否则调试的时候容易出错
```

```
33. *因为第一次运行删除了训练文件,如果没有重新生成这个文件,第二次运行时,这个文件
    不存在,该语句就会报错
34. delete_file('train_ocr.trf')
35. *依次读取图像区域与字符对应起来
36. for Index:=0 to|class1|-1 by 1
37. *选择对象
38. select_obj(SortedRegions,ObjectSelected,Index+1)
39. *将字符逐个添加到训练文件中,在程序的目录中将会出现,如图10-21所示
40. append_ocr_trainf(ObjectSelected,ImageReduced,class1[Index],
    'train_ocr'+'.trf')
41. endfor
```

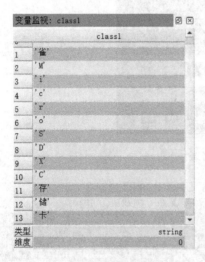

图10-20 字符数组

图10-21 训练的字符存入文件中

4)训练分类器,程序如下:

```
42. *去除class1数组中相同的元素
43. chans:=uniq(sort(class1))
44. *使用多层感知器构建一个OCR分类器
45. create_ocr_class_mlp(8,10,'constant','default',chans,80,'none',10,
    42,OCRHandle)
46. *训练一个OCR分类器
47. trainf_ocr_class_mlp(OCRHandle,'train_ocr.trf',200,1,0.01,Er-
    ror,ErrorLog)
48. *把OCR分类器写到文件'train_ocr'里
49. write_ocr_class_mlp(OCRHandle,'train_ocr')
50. *释放OCR分类器,调用clear_ocr_class_mlp()之后,分类器就不能再使用了,句柄
    OCRHandle变为无效
51. clear_ocr_class_mlp(OCRHandle)
```

OCR 字符训练的算子如下：

算子释义：append_ocr_trainf() — Add characters to a training file。
格式：append_ocr_trainf (Character, Image : : Class, TrainingFile :)。
参数：Character 为选中当前目标；Image 为目标对应图片；Class 为预先创建的字符数组；TrainingFile 为训练文件的名称，文件位于程序文件夹中。
作用：向训练文件依次添加字符。

例：append_ocr_trainf (ObjectSelected, ImageReduced, class1[Index], 'train_ocr'+'.trf')。
表示：建立选中的目标 ObjectSelected 及对应的图片 ImageReduced 与预先创建的字符数组 class1[Index] 建立对应关系，将训练的字符图像存放入文件 'train_ocr.trf' 中。
说明：算子 append_ocr_trainf() 用于使用算子 trainf_ocr_class_mlp() 或 trainf_ocr_class_svm() 准备训练，将表示字符的区域，包括其灰度值（区域和像素）和相应的类名写入文件。在一个映像中支持任意数量的区域。对于"字符"中的每个字符（区域），必须在"类"中指定相应的类名。

算子释义：create_ocr_class_mlp() — Create an OCR classifier using a multilayer perceptron。
格式：create_ocr_class_mlp(: : WidthCharacter, HeightCharacter, Interpolation,Features, Characters, NumHidden, Preprocessing, NumComponents, RandSeed : OCRHandle)。
参数：WidthCharacter, HeightCharacter 为识别字符宽度、高度；Interpolation 为插值算法；Features 为特征值（区域特征、灰度值特征、包含曲度、紧密度、凸性等）；Characters 为训练样本的名称；NumHidden 为隐藏的 MLP 单元数目，默认 80；Preprocessing 为矢量特征转换的预处理类型，默认 'none'；NumComponents 为特征变换的数量；RandSeed 为随机种子点数，一般为 42，用于随机值初始化 MLP；OCRHandle 为输出 OCR_mlp 分类器的句柄。
作用：创建一个使用多层感知器（MLP）的 OCR 分类器，得到 OCR 分类器的句柄。

例：create_ocr_class_mlp (8, 10, 'constant', 'default', chans, 80, 'none', 10, 42, OCRHandle)。
表示：创建一个多层感知器（MLP）分类器，字符宽度为 8、高度为 10，插值算法为 constant，选择特征 'ratio' 和 'pixel_invar'，训练样本的名称为 'chans'，隐藏的 MLP 单元数为 80，矢量特征转换的预处理类型为 'none'，特征变换数量为 10，随机种子数为 42，分类器的句柄为 OCRHandle。

算子释义：trainf_ocr_class_mlp() — Train an OCR classifier。
格式：trainf_ocr_class_mlp(: : OCRHandle, TrainingFile, MaxIterations, WeightTolerance, ErrorTolerance : Error, ErrorLog)。
参数：OCRHandle 为分类器句柄；TrainingFile 为输入示范样品文件，后缀为 .trf；MaxIterations 为优化算法的最大迭代次数，默认值为 200；WeightTolerance 为两次迭代优化算法之间 MLP 权值的差异设定阈值，默认值为 1.0；ErrorTolerance 为优化算法对训练数据的 MLP 平均误差在两次迭代之间的差异阈值，默认值为 0.01；Error 为输出 MLP 的训练数据的平均误差；ErrorLog 为算法在训练数据上的平均错误。

作用：使用 TrainingFile 提供的 OCR 训练文件中存储的训练字符训练 OCR 分类器 OCRHandle，输出平均误差与错误。

例：trainf_ocr_class_mlp (OCRHandle, 'train_ocr.trf', 200, 1, 0.01, Error, ErrorLog)。

表示：对句柄 OCRHandle 的分类器进行神经网络训练，最大迭代次数为 200，两次迭代优化算法之间 MLP 权值的差异阈值为 1，两次迭代之间的差异阈值为 0.01，输出 MLP 的训练数据的平均误差 Error, 算法在训练数据上的平均错误 ErrorLog。

算子释义：write_ocr_class_mlp() — Write an OCR classifier to a file。
格式：write_ocr_class_mlp(: : OCRHandle, FileName :)
参数：OCRHandle 为输入 OCR_mlp 分类器的句柄；FileName 为输入文件名称（保存的文件扩展名默认为 .omc）。
作用：将 OCR 分类器 OCRHandle 写入 FileName 指定的文件。

例：write_ocr_class_mlp (OCRHandle, 'train_ocr')。
表示：将训练的神经网络分类器写入文件 'train_ocr.omc' 中。

二、OCR 字符识别

（程序见：随书代码 \ 项目 10 利用 Halcon 软件进行信息识别 \10-3 OCR 识别 .hdev）

训练完 OCR 之后，文件 "train_ocr.trf" 就可以直接调用了。下面进行识别操作，程序如下。

字符识别

```
1.  * 读取图像
2.  read_image(Image,' 字符 .png')
3.  * 获取图像尺寸
4.  get_image_size(Image,Width,Height)
5.  * 关闭窗口
6.  dev_close_window()
7.  * 打开一个新窗口
8.  dev_open_window(0,0,Width/5,Height/5,'black',WindowHandle)
9.  * 彩色图像转为灰度图像
10. rgb1_to_gray(Image,GrayImage)
11. * 绘制一个矩形 ROI 区域
12. gen_rectangle1(ROI_0,1146.46,431.976,1457.5,2587.22)
13. * 裁剪图像
14. reduce_domain(GrayImage,ROI_0,ImageReduced)
15. * 阈值分割
```

```
16.   threshold(ImageReduced,Region,0,100)
17.   *膨胀处理,将每个字符连接在一起
18.   dilation_rectangle1(Region,RegionDilation,5,36)
19.   *连通域处理
20.   connection(RegionDilation,ConnectedRegions)
21.   *形状转化为矩形
22.   shape_trans(ConnectedRegions,RegionTrans,'rectangle1')
23.   *求转化的区域与阈值分割后的Region的交集
24.   intersection(RegionTrans,Region,RegionIntersection)
25.   *按照'column'排序
26.   sort_region(RegionIntersection,SortedRegions,'first_point',
      'true','column')
27.   *设定字体显示格式
28.   set_display_font(WindowHandle,25,'mono','true','false')
29.   *计数
30.   count_obj(SortedRegions,Number)
31.   *读取训练文件
32.   read_ocr_class_mlp('train_ocr.omc',OCRHandle)
33.   *循环判断识别每个字符
34.   for Index:=0 toNumber-1 by 1
35.       *字符区域显示颜色为红色
36.       dev_set_color('red')
37.       *依次选择字符区域
38.       select_obj(SortedRegions,ObjectSelected,Index+1)
39.       *字符中心坐标
40.       area_center(ObjectSelected,Area,RowOUT1,ColumnOUT1)
41.       *使用分类器对字符区域进行识别
42.        do_ocr_multi_class_mlp(ObjectSelected,ImageReduced,OCRHandle,
      Class,Confidence)
43.       *设定显示字符颜色
44.       dev_set_color('green')
45.       *设定显示位置
46.       set_tposition(WindowHandle,RowOUT1+200,ColumnOUT1)
47.       *显示识别结果
48.       write_string(WindowHandle,Class)
49.   endfor
50.   clear_ocr_class_mlp(OCRHandle)
```

识别结果如图 10-22 所示。

图 10-22　识别结果

算子释义：read_ocr_class_mlp() — Read an OCR classifier from a file。
格式：read_ocr_class_mlp(: : FileName : OCRHandle)。
参数：FileName 为训练的文件名；OCRHandle 为目标句柄。
作用：从文件中读取字符分类器。

例：read_ocr_class_mlp ('train_ocr.omc', OCRHandle)
表示：从文件 'train_ocr.omc' 中读取字符分类器，放入 OCRHandle 中。

算子释义：do_ocr_multi_class_mlp() — Classify multiple characters with an OCR classifier。
格式：do_ocr_multi_class_mlp(Character, Image : : OCRHandle : Class, Confidence)。
参数：Character 为字符区域；Image 为字符区域所属的图像；OCRHandle 为 OCR 句柄；Class 为字符区域识别对应的字符变量；Confidence 为输出对应的特征相似值（数组），该值 ≤ 1.0。
作用：用 OCR 分类器分类字符。

例：do_ocr_multi_class_mlp (ObjectSelected, ImageReduced, OCRHandle, Class, Confidence)。
表示：用 OCRHandle 中的神经网络分类器对 ImageReduced 中的字符区域 ObjectSelected 进行识别，从字符变量 Class 中找到对应的字符，并输出特征相似程度到变量 Confidence 中。

项目 11
利用 Halcon 软件进行视觉定位

知识目标

1. 熟练掌握 BLOB 分析的方法。
2. 掌握视觉定位的概念、目的和作用。
3. 了解定位的一般流程,能够快速的定位特征目标。

能力目标

1. 会使用 BLOB 分析定位目标特征。
2. 会使用 Halcon 软件对图像进行综合处理。

素养目标

1. 熟悉视觉工程师的工作内容,制定职业发展规划。
2. 有团队合作意识,按照企业的工作模式分组协作。
3. 提升个人编程能力。

项目导读

工业机器人的定位和抓取功能在工业生产线上被广泛应用,一般通过预先示教的方式让机器人执行规划动作。一旦工件的位姿发生变化,机器人就无法完成预定的任务。鉴于此弊端,在市场需求的引导下,为机器人添加视觉引导就成了机器人领域的研究热点之一,它通过工业相机获取零件在工件台上的点位及其图像坐标信息,然后根据图像坐标系与机器人工作坐标系的关联,转化为工业机器人可以确认的坐标位置,引导工业机器人进行后续的抓取、装配、焊接等操作。机器人能否准确的工作,主要取决于机器视觉图像处理的准确性。

任务 1　检测人工骨骼连接处正反面

【任务要求】

图 11-1 所示为人工骨骼图像，要求图像中上、下两对定位柱的正反面要一致。

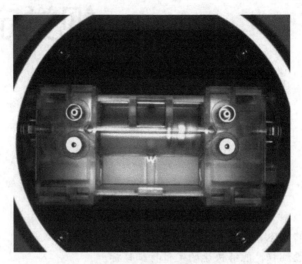

图 11-1　人工骨骼

【任务解决思路】

人工骨骼连接处正反面检测思维导图如图 11-2 所示。

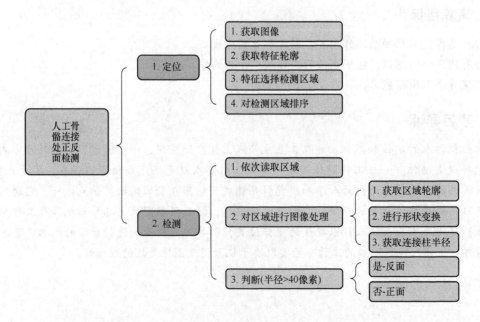

图 11-2　人工骨骼连接处正反面检测思维导图

项目 11 利用 Halcon 软件进行视觉定位

【知识要点】

Halcon 软件视觉定位也可通过边缘轮廓，拟合直线或者圆，实现快速定位操作。操作流程为：①获取特征轮廓区域；②根据某种条件选择特征轮廓；③根据特征轮廓拟合圆（或直线、椭圆、矩形等）特征；④计算拟合特征的特征参数（中心点坐标，长短轴、起始角等）。

【任务实施】

（程序见：\随书代码\项目 11 利用 Halcon 软件进行视觉定位\11-1 人工骨骼定位柱正反面检测.hdev）

1）读取图像并初始化，程序如下：

检测人工骨骼
连接处正反面

```
1.  *读取图像
2.  read_image(Image,'人工骨骼.bmp')
3.  *获取图像尺寸
4.  get_image_size(Image,Width,Height)
5.  *关闭窗口
6.  dev_close_window()
7.  *新建一个窗口
8.  dev_open_window(0,0,Width/5,Height/5,'black',WindowHandle)
9.  *设定字体
10. set_display_font(WindowHandle,16,'mono','true','false')
11. *显示图像，如图 11-3 所示
12. dev_display(Image)
```

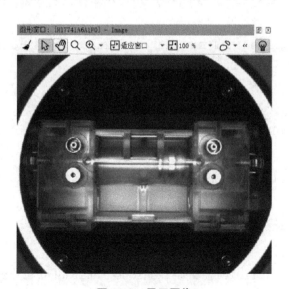

图 11-3　显示图像

187

2)定位检测位置,程序如下:

```
13. *增强图像中圆点的对比度,如图 11-4 所示
14. dots_image(Image,DotImage,3,'light',2)
15. *用 'canny' 提取颜色边缘 XLD,如图 11-5 所示
16. edges_color_sub_pix(DotImage,Edges,'canny',3,5,40)
17. *XLD 特征选择,选择圆度在 0.83~1 之间的轮廓,如图 11-6 所示
18. select_shape_xld(Edges,SelectedXLD,'circularity','and',0.9,1)
19. *计算轮廓的最小外接圆
20. smallest_circle_xld(SelectedXLD,Row,Column,Radius)
21. *绘制外接圆,如图 11-7 所示
22. gen_circle(Circle,Row,Column,Radius)
23. *合并在一起
24. union1(Circle,RegionUnion)
25. *求取边界
26. boundary(RegionUnion,RegionBorder,'inner')
27. *膨胀操作,获取边界区域
28. dilation_circle(RegionBorder,RegionDilation,3.5)
29. *裁剪
30. reduce_domain(Image,RegionDilation,ImageReduced)
31. *用 'canny' 提取颜色边缘 XLD
32. edges_color_sub_pix(ImageReduced,Edges1,'canny',4,10,30)
33. *用 'contlength' 提取轮廓特征
34. select_shape_xld(Edges1,SelectedXLD1,'contlength','and',
    269.91,500)
35. *拟合轮廓曲线成圆
36. fit_circle_contour_xld(SelectedXLD1,'algebraic',-1,0,0,3,2,
    Row1,Column1,Radius1,StartPhi,EndPhi,PointOrder)
37. *绘制拟合圆
38. gen_circle(Circle1,Row1,Column1,Radius1)
39. *计算数量
40. count_obj(Circle1,Number)
41. *对四个特征进行排序
42. sort_region(Circle1,SortedRegions,'character','true','row')
```

项目 11　利用 Halcon 软件进行视觉定位

图 11-4　增强图像中的圆点对比度

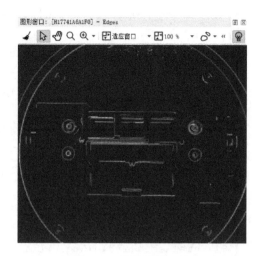

图 11-5　获取边缘 XLD

图 11-6　区域轮廓选择

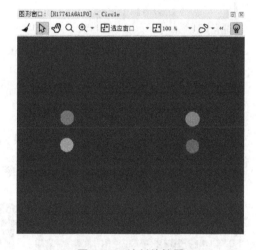

图 11-7　绘制外接圆

3）对单个特征检测判断，程序如下：

```
43. * 清除窗口
44. dev_clear_window()
45. * 显示原图像
46. dev_display(Image)
47. * 依次选择每个特征进行判断
48. for Index:=1 to Number by 1
49. * 选择一个特征
50. select_obj(SortedRegions,ObjectSelected,Index)
```

```
51.    *裁剪
52.    reduce_domain(Image,ObjectSelected,ImageReduced1)
53.    *提取轮廓边缘像素
54.    edges_color_sub_pix(ImageReduced1,Edges2,'canny',3,10,100)
55.    *选择'contlength'特征[131,500]
56.    select_shape_xld(Edges2,SelectedXLD2,'contlength','and',131,500)
57.    *求SelectedXLD2最小外接圆
58.    smallest_circle_xld(SelectedXLD2,Row2,Column2,Radius2)
59.    *绘制最小外接圆
60.    gen_circle(Circle2,Row2,Column2,Radius2)
61.    *合并
62.    union1(Circle2,RegionUnion1)
63.    *求RegionUnion1区域最小外接圆
64.    smallest_circle(RegionUnion1,Row3,Column3,Radius3)
65.    *如果外接圆的半径>40像素,为反面,否则为正面
66.    if(Radius3>40)
67.    disp_message(WindowHandle,'反面
       ','Image2',Row3,Column3,'black','true')
68.        else
69.            disp_message(WindowHandle,'正面
       ','Image2',Row3,Column3,'black','true')
70.        endif
71.    endfor
```

依次检测结果如图 11-8 所示,最终结果如图 11-9 所示。

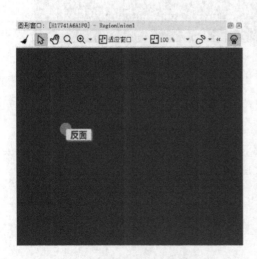

图 11-8 依次检测结果

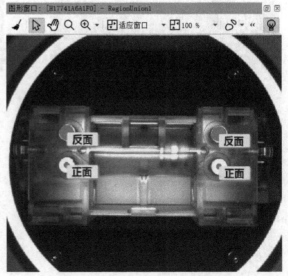

图 11-9 最终结果

任务 2　检测胶囊的有无

【任务要求】

检测图 11-10 所示的封装后的待检胶囊图像是否有另类胶囊和是否有空囊。

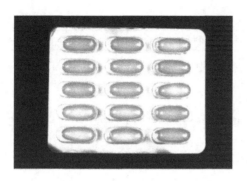

图 11-10　待检胶囊图像

【任务解决思路】

胶囊检测思维导图如图 11-11 所示。

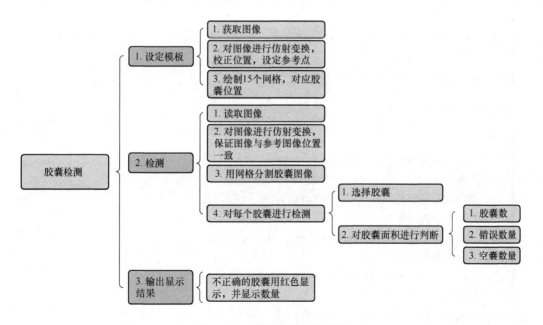

图 11-11　胶囊检测思维导图

【知识要点】

在机器视觉检测中，首先要对特征进行定位，可以利用模板图像创建一个参考模板，然后将现场图像与参考模板进行比对，查找差异处以判断检测结果。

在视觉检测中一般流程如下。

1）读取参考图像，选取需检测的特征，制作模板。

2）读取新图像，将图像进行仿射变换，使与模板图像的特征位置一致。

3）对特征进行比对，判断输出结果。

【任务实施】

（程序见：\ 随书代码 \ 项目 11 利用 Halcon 软件进行视觉定位 \11-2 胶囊外观检测 .hdev）

1）读取图像并初始化，程序如下：

检测胶囊

```
1. *读取图像
2. read_image(ImageOrig,'blister/blister_reference')
3. *获取图像尺寸
4. get_image_size(ImageOrig,Width,Height)
5. *关闭窗口
6. dev_close_window()
7. *打开新窗口
8. dev_open_window(0,0,Width,Height,'black',WindowHandle)
9. *设定窗口字体
10. set_display_font(WindowHandle,14,'mono','true','false')
11. *设定区域显示模式
12. dev_set_draw('margin')
13. *设定线宽
14. dev_set_line_width(3)
```

2）绘制检测网格，程序如下：

```
15. *获取通道1
16. access_channel(ImageOrig,Image1,1)
17. *阈值分割
18. threshold(Image1,Region,90,255)
19. *区域形状转换
20. shape_trans(Region,Blister,'convex')
21. *计算旋转角度
22. orientation_region(Blister,Phi)
23. *计算中心点坐标
24. area_center(Blister,Area1,Row,Column)
25. *创建仿射变换矩阵
26. vector_angle_to_rigid(Row,Column,Phi,Row,Column,0,HomMat2D)
27. *进行仿射变换，如图11-12所示
28. affine_trans_image(ImageOrig,Image2,HomMat2D,'constant','false')
29. *创建一个空数组
```

```
30.  gen_empty_obj(Chambers)
31.  dev_display(Image2)
32.  *进行 5×3 个矩形的创建，如图 11-13 所示
33.  stop()
34.  for I:=0 to 4 by 1
35.      *矩形中心列坐标
36.      Row:=88+I*70
37.      for J:=0 to 2 by 1
38.          *矩形中心行坐标
39.          Column:=163+J*150
40.          *绘制 15 个矩形，第一个矩形的中心坐标约为（88,163）
41.          gen_rectangle2(Rectangle,Row,Column,0,64,30)
42.  *连接对象 Chambers 和 Rectangle，将各个矩形添加到数组 Chambers 中
43.          concat_obj(Chambers,Rectangle,Chambers)
44.      endfor
45.  endfor
46.  stop()
47.  *对变换的矩形区域进行仿射变换
48.  affine_trans_region(Blister,Blister,HomMat2D,'nearest_neighbor')
49.  *求两个区域的差
50.  difference(Blister,Chambers,Pattern)
51.  *将 15 个矩形连在一起
52.  union1(Chambers,ChambersUnion)
53.  *设定参考点
54.  orientation_region(Blister,PhiRef)
55.  *另一张图像的起始角度与参考图像起始角度的差
56.  PhiRef:=rad(180)+PhiRef
57.  area_center(Blister,Area2,RowRef,ColumnRef)
58.  stop()
```

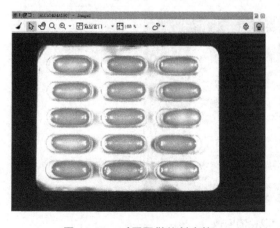

图 11-12 对原图做仿射变换

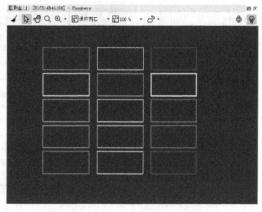

图 11-13 绘制检测网格

3）读取检测图像，程序如下：

```
59.    *读取每一张图像，如图 11-14 所示
60.    Count:=6
61.    for Index:= 1 toCount by 1
62.        *依次读取图像
63.        read_image(Image,'blister/blister_'+Index$'02')
64.        *阈值分割
65.        threshold(Image,Region,90,255)
66.        *连通域处理
67.        connection(Region,ConnectedRegions)
68.        *特征选择，选择胶囊板
69.        select_shape(ConnectedRegions,SelectedRegions,'area','and',5000,
           9999999)
70.        *形状转化
71.        shape_trans(SelectedRegions,RegionTrans,'convex')
72.        *获取倾斜角度
73.        orientation_region(RegionTrans,Phi)
74.        *获取中心坐标点
75.        area_center(RegionTrans,Area3,Row,Column)
76.        *相对参考点建立仿射矩阵，要将胶囊板旋转平移到参考模板一致的位置
77.        vector_angle_to_rigid(Row,Column,Phi,RowRef,ColumnRef,
           PhiRef,HomMat2D)
78.        *仿射变换
79.        affine_trans_image(Image,ImageAffineTrans,HomMat2D,'constant',
           'false')
```

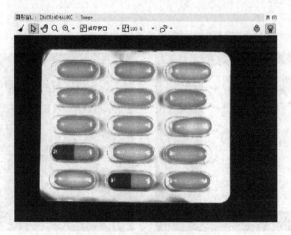

图 11-14　读取检测图像

4）用检测网格检测胶囊，程序如下：

```
80.     *用 15 个网格分割胶囊，如图 11-15 所示
81.     reduce_domain(ImageAffineTrans,ChambersUnion,ImageReduced)
82.     *转为单通道图像
83.     decompose3(ImageReduced,ImageR,ImageG,ImageB)
84.     *局部阈值分割
85.     var_threshold(ImageB,Region,7,7,0.2,2,'dark')
86.     *连通域处理
87.     connection(Region,ConnectedRegions0)
88.     *闭运算
89.     closing_rectangle1(ConnectedRegions0,ConnectedRegions,3,3)
90.     *填充
91.     fill_up(ConnectedRegions,RegionFillUp)
92.     *选择面积大的区域
93.     select_shape(RegionFillUp,SelectedRegions,'area','and',1000,99999)
94.     *开运算
95.     opening_circle(SelectedRegions,RegionOpening,4.5)
96.     *连通域处理
97.     connection(RegionOpening,ConnectedRegions)
98.     *进一步筛选，去除大的噪点
99.     select_shape(ConnectedRegions,SelectedRegions,'area','and',1000,
        99999)
100.    *凸性形状转化
101.    shape_trans(SelectedRegions,Pills,'convex')
102.    *计数
103.    count_obj(Chambers,Number)
104.    *创建空数组放置错误的胶囊
105.    gen_empty_obj(WrongPill)
106.    *创建空数组放置空囊
107.    gen_empty_obj(MissingPill)
108.    *从头到尾检测每一个胶囊的情况
109.    for I:=1 to Number by 1
110.      *依次选择
111.      select_obj(Chambers,Chamber,I)
112.      *矩形区域和胶囊转化的形状求交集
113.      intersection(Chamber,Pills,Pill)
114.      *获取面积
115.      area_center(Pill,Area,Row1,Column1)
```

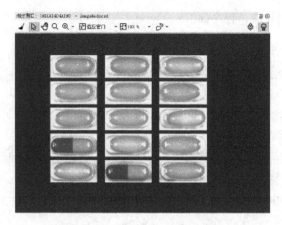

图 11-15 用检测网格分割图像

5）判断，程序如下：

```
116.            *若面积>0，说明有胶囊，继续分析
117.            if(Area>0)
118.                *获取最大和最小灰度值
119.                min_max_gray(Pill,ImageB,0,Min,Max,Range)
120.                *如果灰度值<60或者面积<3800，说明不是同类胶囊，计入错误的胶囊
121.                if(Area<3800 or Min<60)
122.                    concat_obj(WrongPill,Pill,WrongPill)
123.                endif
124.            else
125.                *如果面积为0，说明是空囊
126.                concat_obj(MissingPill,Chamber,MissingPill)
127.            endif
128.        endfor
```

6）显示结果，程序如下：

```
129.    *输出显示结果
130.    dev_clear_window()
131.    dev_display(ImageAffineTrans)
132.    *正确的用草绿色
133.    dev_set_color('forestgreen')
134.    *计算胶囊数
135.    count_obj(Pills,NumberP)
```

```
136.    *计算错误的胶囊数
137.    count_obj(WrongPill,NumberWP)
138.    *计算空囊数
139.    count_obj(MissingPill,NumberMP)
140.        dev_display(Pills)
141.    if(NumberMP>0 or NumberWP>0)
142.        disp_message(WindowHandle,'NotOK','window',12,12+600,'red',
    'true')
143.    else
144.        disp_message(WindowHandle,'OK','window',12,12+600,<forest-
    green>','true')
145.    endif
146.    Message:='# 正确的胶囊有：'+(NumberP-NumberWP)
147.    Message[1]:='# 摆错的有：'+NumberWP
148.    Message[2]:='# 空囊的有：'+NumberMP
149.    *不正确的胶囊数用红色表示
150.    Colors:=gen_tuple_const(3,'black')
151.    if(NumberWP'0)
152.        Colors[1]:='red'
153.    endif
154.    if(NumberMP>0)
155.        Colors[2]:='red'
156.    endif
157.    disp_message(WindowHandle,Message,'window',12,12,Colors,'true')
158.    dev_set_color('red')
159.    dev_display(WrongPill)
160.    dev_display(MissingPill)
161.    if(Index<Count)
162.        disp_continue_message(WindowHandle,'black','true')
163.    endif
164.    stop()
165. endfor
```

检测结果如图 11-16 所示。

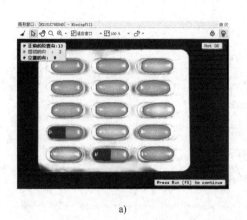
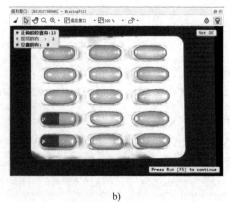

a) b)

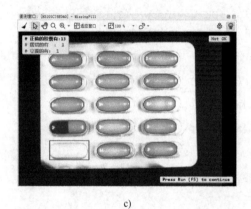
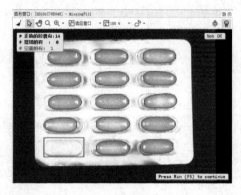

c) d)

图 11-16 检测结果

项目 12
利用 Halcon 软件进行外观检测

知识目标

1. 熟悉机器视觉外观检测流程。
2. 熟练掌握 BLOB 分析的方法。
3. 掌握常用的 Halcon 软件中算子的参数调整方法。

能力目标

1. 会使用 BLOB 分析定位目标特征。
2. 会使用 Halcon 软件对图像进行综合处理。

素养目标

1. 熟悉视觉工程师的工作内容，制定职业发展计划。
2. 有团队合作意识，按照企业的工作模式分组协作。
3. 提升个人编程能力。

项目导读

外观检测系统主要用于快速识别样品的外观缺陷，如凹坑、裂纹、翘曲、缝隙、污渍、沙粒、飞边、气泡、颜色不均匀等，被检测样品可以是透明体也可以是不透明体。

传统的产品外观检测一般是用肉眼识别的方式，因此有可能人为因素导致衡量标准不统一，以及因长时间检测发生视觉疲劳而出现误判的情况。在机器视觉技术中，表面外观缺陷检测是一种无触摸、无损伤的自动识别的技术，是维护自动化技术、智能化系统、高精度运行的合理途径。它比人工检测更具有可靠性，具有在复杂环境中长期工作和高生产率等优点。外观缺陷检测系统可以将平面成像图片产品图像进行预处理后，进行一系列的操作，按照要求输出结果，或显示或执行。本项目主要分析两种常见的情况，一是判断滚动轴承滚子数量是否合格，二是检测线路引脚焊点的焊接质量。

任务 1　检测滚动轴承滚子数量

【任务要求】

图 12-1 为轴承背光图像，需要检测的是滚子的数量，无须关注外观表面的情况，采用背光源可以突出滚子的位置，本任务主要检测轴承中滚子的数量，六个为合格，否则为不合格。

a) 良品

b) 不良品

图 12-1　轴承背光图像

【任务解决思路】

轴承滚子数量检测思维导图如图 12-2 所示。

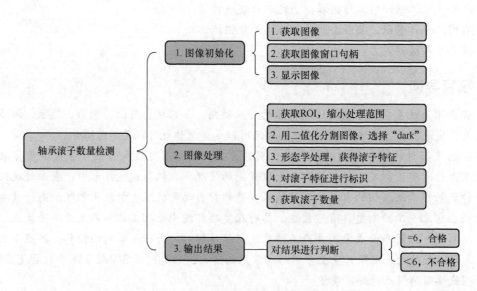

图 12-2　轴承滚子数量检测思维导图

• 项目 12 利用 Halcon 软件进行外观检测

【知识要点】

机器视觉背光源为视觉光源的一种，即放置于待测物体背面，主要应用于被测对象的轮廓检测、透明体的污点缺陷检测、液晶文字检查、小型电子元件尺寸和外形检测、轴承外观和尺寸检查、半导体引线框外观和尺寸检查等。

【任务实施】

（程序见：\随书代码\项目12 利用 Halcon 软件进行外观检测\12-1 轴承滚子数量的检测.hdev）

1）读取图像并初始化。

打开 Halcon 软件，读取图像，如图 12-3 所示。

检测滚动轴承滚子数量

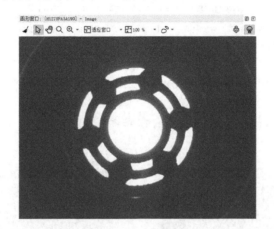

图 12-3 读取图像

读取图像并初始化程序如下：

```
1. *读取图像，初始化
2. read_image(Image,'轴承1.bmp')
3. get_image_size(Image,Width,Height)
4. dev_close_window()
5. dev_open_window(0,0,Width/4,Height/4,'black',WindowHandle)
6. dev_display(Image)
```

2）图像处理。

由于图像尺寸过大，周边黑色区域对于检测部位没有作用，因此创建一个圆形 ROI 区域，缩小检测范围。考虑到每次获取图像时轴承的位置不一致，因此动态获取轴承外轮廓作为区域的分界，图像只有黑白两色，可通过 binary_threshold() 算子快速分割图像，中间的区域为白色，参数选择"light"，结果如图 12-4 所示。接着对分割后的图像进行闭运算，消除内部的空隙，如图 12-5 所示。然后进行开运算，消除周边的飞边，如图 12-6 所示。利用 smallest_circle() 算子，测量最小外接圆的半径和圆心坐标，利用 gen_circle() 算子绘制最小外接圆，该最小外接圆所包含的区域即为所需要的 ROI，如图 12-7 所示。利用 reduce_domain() 算子对原图进行裁剪即抠图，将轴承部分从图像上"抠"出来，如图 12-8 所示。

图像处理程序如下：

```
7.  图像处理
8.  *设置字体大小
9.  set_display_font(WindowHandle,30,'mono','true','false')
10. *二值化阈值分割，图像只有黑白两色，选取白色，如图12-4所示
11. binary_threshold(Image,Region,'max_separability','light',Used-
    Threshold)
12. *闭运算：填充内部空隙，如图12-5所示
13. closing_circle(Region,RegionClosing,250.5)
14. *开运算：消除外部飞边，如图12-6所示
15. opening_circle(RegionClosing,RegionOpening,100.5)
16. *测量最小外接圆的尺寸，如图12-7所示
    smallest_circle(RegionOpening,Row,Column,Radius)
17. *生成最小外接圆
18. gen_circle(Circle,Row,Column,Radius)
19. *对图像进行裁剪，将周围区域裁减掉，如图12-8所示
20. reduce_domain(Image,Circle,ImageReduced)
```

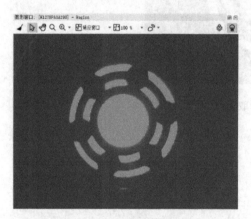

图 12-4 二值化阈值分割

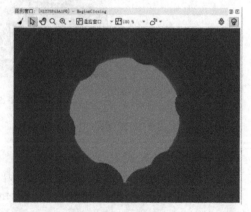

图 12-5 闭运算

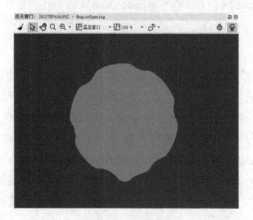

图 12-6 开运算

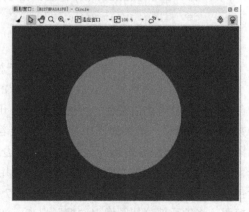

图 12-7 测量绘制最小外接圆

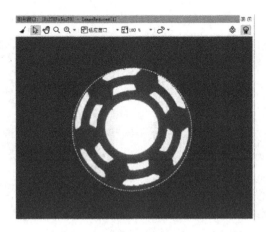

图 12-8　抠图

接下来对区域进行操作，利用 binary_threshold() 算子，再次进行二值化阈值分割，如图 12-9 所示；利用"开运算" opening_circle() 对区域进行处理，如图 12-10 所示；利用 connection() 算子进行"连通域处理"，将滚子打断成单个区域，如图 12-11 所示；利用 shape_trans() 算子将各个滚子的区域变成最小外接圆，参数选择"inner_circle"，如图 12-12 所示；利用 count_obj() 算子计算滚子的数量。

程序如下：

```
21. *再次进行二值化阈值分割，如图 12-9 所示
22. binary_threshold(ImageReduced,Region1,'max_separability','dark',
    UsedThreshold1)
23. *开运算，用尺寸大一些的圆形模板，去掉滚子周边特征，如图 12-10 所示
24. opening_circle(Region1,RegionOpening1,103.5)
25. *连通域处理，将滚子分离出来，如图 12-11 所示
26. connection(RegionOpening1,ConnectedRegions)
27. *变形，如图 12-12 所示
28. shape_trans(ConnectedRegions,RegionTrans,'inner_circle')
```

图 12-9　区域的二值化阈值分割

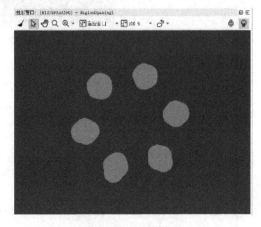

图 12-10　开运算

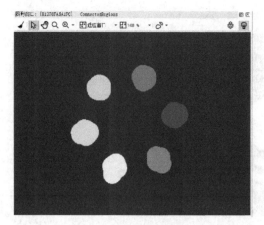
图 12-11　连通域处理

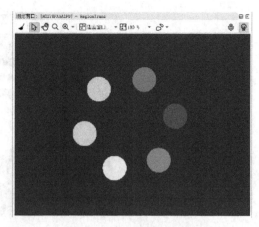
图 12-12　变成最小内接圆

```
29. dev_display(Image)
30. *显示滚子
31. dev_display(RegionTrans)
32. count_obj(RegionTrans,Number)
```

3）输出结果。

利用 disp_message() 算子，在屏幕上显示滚子数量，如图 12-13 所示。

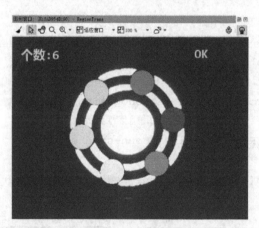
图 12-13　结果

程序如下：

```
33. *显示输出结果
34. disp_message(WindowHandle,'个数:'+Number,'Image4',100,100,'green',
    'false')
35. if(Number=6)
36.     disp_message(WindowHandle,'OK','Image4',100,2000,'green','false')
37. else
38.     disp_message(WindowHandle,'NG','Image4',100,2000,'red','false')
39. endif
```

修改程序，读取"轴承 2.bmp"文件，如图 12-14 所示，得到运行结果如图 12-15 所示。

图 12-14　读取图像"轴承 2.bmp"

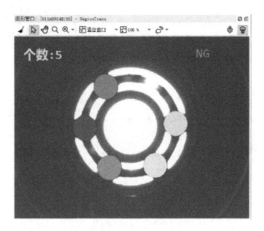
图 12-15　运行结果

任务 2　检测线路板引脚焊点的外观质量

【任务要求】

图 12-16 为线路引脚图像，通过视觉检测引脚焊点是否合格，有无黏连（短路）或弯曲（断路）情况。

图 12-16　线路引脚图像

【任务解决思路】

线路引脚焊点的检测思维导图如图 12-17 所示。

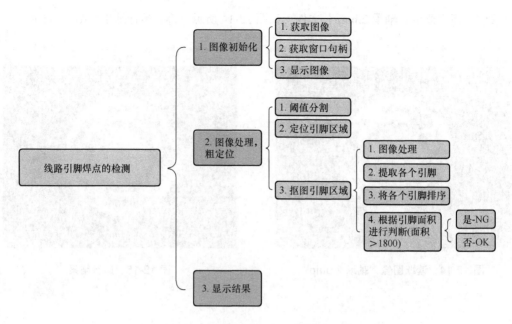

图 12-17　线路引脚焊点的检测思维导图

【知识要点】

机器视觉碗光源为视觉光源的一种，也称圆顶光源，是一种高均匀性的光源，由高亮度贴片 LED 发出的光经过球面漫反射后形成均匀的光线。其常用于检测表面反光、起伏不平的物体。

【任务实施】

（程序见：\随书代码\项目 12 利用 Halcon 软件进行外观检测\12-2 引脚焊点质量的检测.hdev）

1）读取图像并初始化。

打开 Halcon 软件，读取图像，对图像进行初始化，如图 12-18 所示。

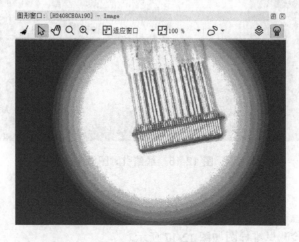

图 12-18　显示图像

程序如下：

检测线路板引脚焊点的外观质量

```
1.  *读取图像
2.  read_image(Image,'引脚焊点')
3.  *获取图像尺寸
4.  get_image_size(Image,Width,Height)
5.  *关闭窗口
6.  dev_close_window()
7.  *新建一个窗口
8.  dev_open_window(0,0,Width/10,Height/10,'black',WindowHandle)
9.  *设定显示字体
10. set_display_font(WindowHandle,25,'mono','true','false')
11. *显示图像，如图12-18所示
12. dev_display(Image)
```

2）图像处理操作，程序如下：

```
13. *转为灰度图像
14. rgb1_to_gray(Image,GrayImage)
15. *阈值分割，选择黑色，如图12-19所示
16. threshold(GrayImage,Regions,0,75)
17. *填充处理
18. fill_up(Regions,RegionFillUp)
19. *开运算，去除杂点，如图12-20所示
20. opening_rectangle1(RegionFillUp,RegionOpening,10,10)
21. *连通域处理，分割成单个小区域
22. connection(RegionOpening,ConnectedRegions)
23. *以面积特征选择区域
24. select_shape(ConnectedRegions,SelectedRegions,'area','and',0,1.80556e+006)
25. *特征提取，以矩形度选择区域，两次筛选后如图12-21所示，作为定位
26. select_shape(SelectedRegions,SelectedRegions1,['area','rectangularity'],'and',[67870.4,0.68426],[95833.3,1])
27. *求最小外接矩形，获取矩形尺寸，为获得ROI做准备，如图12-22所示
28. smallest_rectangle2(SelectedRegions1,Row,Column,Phi,Length1,Length2)
29. *形状变换，变换为矩形
30. shape_trans(SelectedRegions1,RegionTrans,'rectangle2')
31. *获取引脚焊点位置的矩形区域，用ROI工具，测量偏移大概距离，如图12-23所示，行2-行1，列2-列1，根据偏移量绘制矩形，如图12-24所示
32. gen_rectangle2(Rectangle,Row-418,Column-90,Phi,Length1,Length2-9)
33. *抠图，获取引脚区域，定位到测量区域，如图12-25所示
34. reduce_domain(GrayImage,Rectangle,ImageReduced)
```

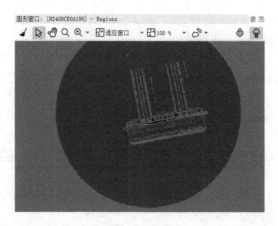

图 12-19 阈值分割

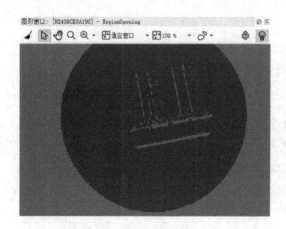

图 12-20 开运算

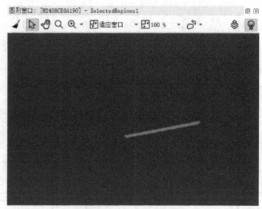

图 12-21 特征提取

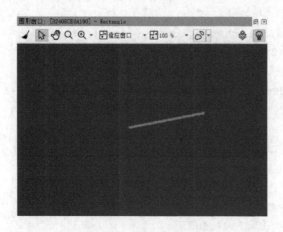

图 12-22 最小外接矩形

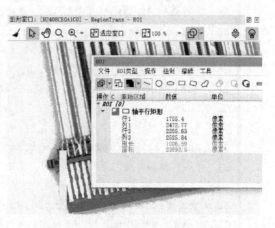

图 12-23 测量引脚到端部偏移量

项目 12 利用 Halcon 软件进行外观检测

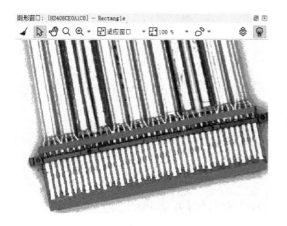

图 12-24 绘制矩形覆盖引脚

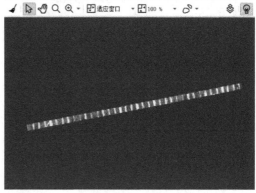

图 12-25 抠图

3）引脚质量检测判断，程序如下：

```
35. *均值滤波
36. mean_image(ImageReduced,ImageMean,15,15)
37. *对该区域进行阈值分割，取白色
38. threshold(ImageMean,Region,125,255)
39. *连通域处理，分割区域，如图 12-26 所示
40. connection(Region,ConnectedRegions1)
41. *特征选择
42. select_shape(ConnectedRegions1,SelectedRegions2,'area','and',
    176.85,10000.81)
43. *求各个引脚的最小矩形
44. smallest_rectangle2(SelectedRegions2,Row1,Column1,Phi1,Length11,Le-
    ngth21)
45. *绘制引脚矩形，如图 12-27 所示
46. gen_rectangle2(Rectangle1,Row1,Column1,Phi1,Length11,Length21)* 排
    序，按"row"排
47. sort_region(Rectangle1,SortedRegions,'first_point','false','row')
48. *计算引脚数量
49. count_obj(SortedRegions,Number)
50. *显示设置（用于显示有问题的引脚）
51. dev_set_draw('margin')
52. *设置线宽
53. dev_set_line_width(3)
54. *显示原图
```

```
55.    dev_display(GrayImage)
56.    *显示各个引脚
57.    dev_display(Rectangle1)
58.    *状态变量
59.    status:=false
60.    *利用循环对每一个引脚的面积进行判断，如果面积>1800，说明引脚连在一起，为NG（不
       合格）品
61.    for Index:=1 to Number by 1
62.        select_obj(SortedRegions,ObjectSelected,Index)
63.        *获取引脚的中心
64.        area_center(ObjectSelected,Area,Row2,Column2)
65.        if(Area>=1800)
66.            *NG（不合格）品执行
67.            status:=true
68.            *绘制红色的圆
69.            dev_set_color('red')
70.            gen_circle(Circle,Row2,Column2,50.5)
71.        endif
72.    endfor
```

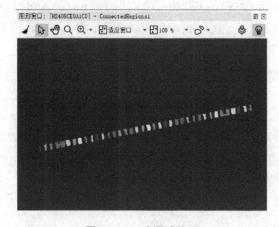

图 12-26　连通域处理

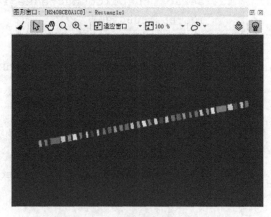

图 12-27　求各引脚的最小外接矩形

4）显示结果，程序如下：

```
73.    if(status==false)
74.        *OK（合格）品执行
75.        set_tposition(WindowHandle,100,100)
```

76.   write_string(WindowHandle,'OK品---'+'焊点个数:'+Number)
77. else
78.   *显示处理结果,如图12-28所示
79.   set_tposition(WindowHandle,100,100)
80.   write_string(WindowHandle,'NG品---'+'焊点个数:'+Number)
81. endif

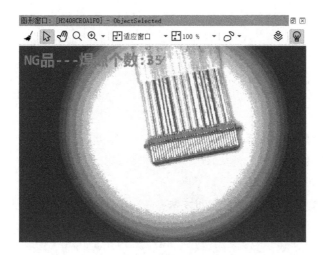

图 12-28　显示处理结果

项目 13
利用 Halcon 软件进行视觉测量

 知识目标

1. 了解视觉测量技术。
2. 掌握 Halcon 软件的标定技术。
3. 掌握 Halcon 软件中测量算子的使用方法。

 能力目标

1. 会使用 Halcon 软件进行视觉测量。
2. 能够熟练调整算子的各参数。

 素养目标

1. 熟悉视觉工程师的工作内容,制定职业发展计划。
2. 有团队合作意识,按照企业的工作模式分组协作。
3. 提升个人编程能力。

项目导读

视觉测量技术是具有广阔发展前景的自动检测技术,可以实现智能化、柔性、快速和低成本的检测。视觉检测技术已在各行各业中得到广泛应用,其发展趋势主要体现在以下几方面:

1. 实现在线实时检测

视觉检测系统大多用在工业生产线中,对于在线实时检测,如何将视觉测量系统嵌入到生产线相应的工序中,使测量速度与生产线节拍相一致,是视觉测量走上实际应用的关键一步。视觉检测执行时间在很大程度上取决于底层图像处理(图像平滑、滤波、分割等)速度。因此,使用专用硬件实现独立于环境的处理算法,可大大提高图像处理速度。

2. 实现智能化检测

从 CAD 系统中提取零件视觉模型与检测信息,如零件位置与方向、摄像机视角等,然后选定检测项目、检测点和检测路径,建立智能检测规划,并控制工业机器人抓取零件并放置到合适的位置进行检测。

3. 实现高精度检测

基于 CMM 的视觉检测系统已经成为视觉检测技术的一种新趋势。集成化的 CMM 和视觉检测系统可以利用视觉系统迅速识别零件的形状及其在测量平台上的位置和状态，完成机器坐标系、零件坐标系、摄像机坐标系之间的转换，帮助 CMM 实现检测路径自动规划与测量结果判断。同时深入研究亚像素定位技术，使之应用到实际的检测系统中，以提高检测精度和降低系统成本。

任务 1 检测手机卡槽的尺寸

【任务要求】

手机卡槽是手机上非常重要的零件之一，用于装载 SIM 手机卡，如图 13-1 所示，其外部轮廓尺寸在装配时有一定的要求，为避免飞边或者尺寸过大而影响手机卡的安装，因此要求该尺寸在 [11.59, 11.63] 范围，精度为 0.04mm。

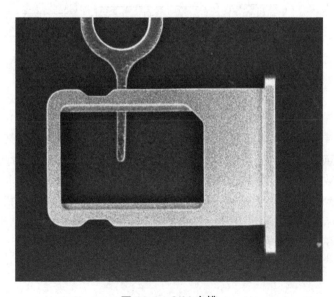

图 13-1　SIM 卡槽

【任务解决思路】

SIM 卡槽尺寸的检测思维导图如图 13-2 所示。

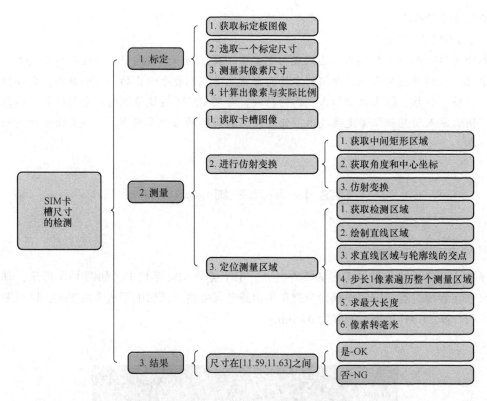

图 13-2 SIM 卡槽尺寸的检测思维导图

【知识要点】

相机标定在图像测量过程以及机器视觉应用中，为确定空间物体表面某点的三维几何位置与其在图像中对应点之间的相互关系，必须建立相机成像的几何模型，这些几何模型参数就是相机参数。在大多数条件下这些参数必须通过实验与计算才能得到。这个求解参数的过程就称为相机标定（或摄像机标定）。无论是在图像测量或者机器视觉应用中，相机参数的标定都是非常关键的环节，其标定结果的精度及算法的稳定性直接影响相机工作产生结果的准确性。因此，做好相机标定是做好后续工作的前提。

【任务实施】

（程序见：\随书代码 / 项目 13 利用 Halcon 软件进行视觉测量 / 任务 1 检测手机卡槽的尺寸 / SIM 卡卡槽尺寸的检测 .hdev）

1）进行相机标定，程序如下：

```
1. *关闭图像窗口
2. dev_close_window()
3. *获取图像
4. read_image(Image,'标定板.bmp')
```

检测手机卡槽的尺寸

```
5. *获取图像尺寸
6. get_image_size(Image,Width,Height)
7. *创建新窗口，尺寸为图像大小的1/4
8. dev_open_window(0,0,Width/4,Height/4,'black',WindowHandle)
9. *显示图像，如图13-3所示
10. dev_display(Image)
11. *画ROI，选择1.4mm标准点
12. gen_rectangle1(ROI_0,563.5,1635.5,735.5,1827.5)
13. *获取区域图像，裁剪
14. reduce_domain(Image,ROI_0,ImageReduced)
15. *阈值分割，提取标准点，如图13-4所示
16. threshold(ImageReduced,Regions,8,218)
17. *连通相邻区域
18. connection(Regions,ConnectedRegions)
19. *挑选面积最大的区域作为感兴趣区域
20. select_shape_std(ConnectedRegions,SelectedRegions,'max_area',70)
21. *拟合感兴趣区域外接圆
22. shape_trans(SelectedRegions,RegionTrans,'outer_circle')
23. *获取区域外接圆半径值Value
24. region_features(RegionTrans,'outer_radius',Value)
25. *获取实际精度mm/pixel
26. scale:=1.4/(2*Value)
27. *显示scale，如图13-5所示
28. disp_message(WindowHandle,'scale='+scale+'mm/pixel','window',12,12,'black','true')
29. stop()
```

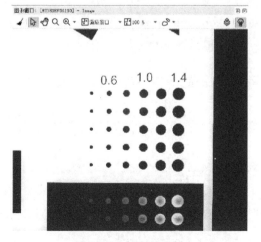

图13-3 标定校正板

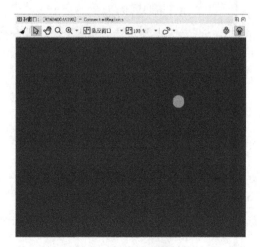

图13-4 1.4mm标准点

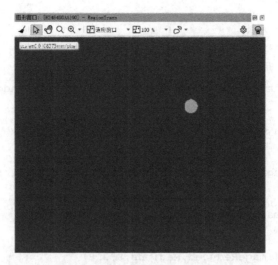

图 13-5　计算像素比例

2）对手机卡槽位置定位。卡槽的位置不能保证是整齐的，所以需要进行仿射变换，槽中间矩形区域较方便计算特征，所以先提取出中间矩形区域。

```
30. *获取卡槽图像，如图 13-6 所示
31. read_image(Image1,'SIM卡.bmp')
32. *二值化，获取感兴趣区域
33. threshold(Image1,Regions1,1,48)
34. *开运算
35. opening_rectangle1(Regions1,RegionOpening,5,5)
36. *连通域处理
37. connection(RegionOpening,ConnectedRegions2)
38. *填充
39. fill_up(ConnectedRegions2,RegionFillUp1)
40. *选择中间矩形部分
41. select_shape(RegionFillUp1,SelectedRegions3,'area','and',558402,937500)
42. *形状转化
43. shape_trans(SelectedRegions3,RegionTrans1,'convex')
44. *计算倾斜角度
45. orientation_region(RegionTrans1,Phi)
46. *获取中心坐标
47. area_center(RegionTrans1,Area,Row,Column)
48. *创建仿射矩阵
49. vector_angle_to_rigid(Row,Column,Phi,Row,Column,0,HomMat2D)
50. *仿射变换
```

51. affine_trans_image(Image1,ImageAffineTrans,HomMat2D,'constant','false')
52. *显示变换图形
53. dev_display(ImageAffineTrans)
54. *阈值分割
55. threshold(ImageAffineTrans,Region1,48,255)
56. *连通相邻区域
57. connection(Region1,ConnectedRegions1)
58. *挑选面积最大的区域作为感兴趣区域
59. select_shape_std(ConnectedRegions1,SelectedRegions1,'max_area',70)
60. *填充感兴趣区域
61. fill_up(SelectedRegions1,RegionFillUp)
62. *缩小图像的域为 ImageReduced1
63. reduce_domain(Image1,RegionFillUp,ImageReduced1)
64. *绘制矩形（避开图形角度过渡段）
65. gen_rectangle1(ROI_0,391.5,387.5,1839.5,491.5)
66. *缩小图像的域为 ImageReduced，获取测量区域，如图 13-7 所示
67. reduce_domain(ImageReduced1,ROI_0,ImageReduced2)
68. *获取 ImageReduced 的外轮廓点的坐标，如图 13-8 所示
69. get_region_contour(ImageReduced2,Rows,Columns)
70. *将上一步获取的点组成一个 Region
71. gen_region_points(Region,Rows,Columns)
72. *以 Region 作最小矩形
73. smallest_rectangle1(Region,Row1,Column1,Row2,Column2)

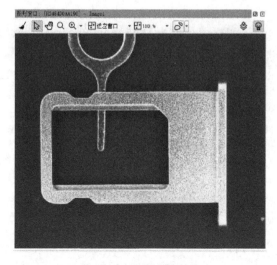

图 13-6 获取卡槽图像

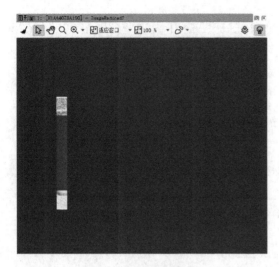

图 13-7　裁剪测量区域　　　　　　　图 13-8　获取测量点坐标

3）测量两点距离，程序如下：

```
74.    dev_clear_window ()
75.    *显示变换图形
76.    dev_display (ImageAffineTrans)
77.    *定义变量 w 数组
78.    w:=[]
79.    *for 循环，从列 Column1+1 到 Column2-1，每次增加 1 划线，与 Region 相交
80.    for i:=Column1+1 to Column2-1 by 1
81.        *从 Row1 到 Row2 绘制直线区域 RegionLines, 如图 13-9 所示
82.        gen_region_line(RegionLines,Row1,i,Row2,i)
83.        *显示 RegionLines
84.        dev_display(RegionLines)
85.        *相交取 RegionIntersection, 如图 13-10 所示
86.        intersection(Region,RegionLines,RegionIntersection)
87.        *取 RegionIntersection 所有点行列坐标
88.        get_region_points(RegionIntersection,Rows1,Columns1)
89.        *RegionIntersection 中点的行差即为数组
90.        w:=[w,abs(Rows1[|Rows1|-1]-Rows1[0])]
91.    endfor
92.    *步长为 1 像素，循环一遍后效果如图 13-11 所示
93.    *平均值
94.    meanw:=sum(w)/|w|
95.    *最小值
96.    minw:=min(w)
97.    *最大值
98.    maxw:=max(w)
99.    *计算实际大小，取最大值代表需要的宽度
```

```
100.    A:=scale*maxw
101.    *显示图像
102.    dev_display(Image1)
103.    *显示RegionLines
104.    dev_display(RegionLines)
105.    *显示结果
106.    disp_message(WindowHandle,'A='+A+'mm','image',12,12,'black',
        'true')
107.    *判断产品尺寸是否满足要求
108.    if(A<11.59 or A>11.63)
109.    disp_message(WindowHandle,'NG','image',112,12,'red','true')else
110.    disp_message(WindowHandle,'OK','image',112,12,'green','true')
111.    endif
```

最终结果如图 13-12 所示。

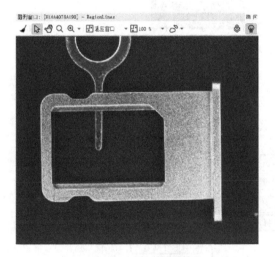

图 13-9　绘制直线

图 13-10　求直线与轮廓线交点

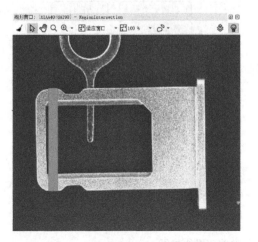

图 13-11　计算检测区域内两轮廓点距离

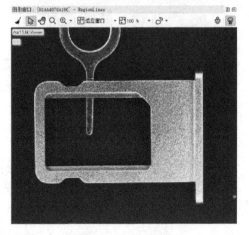

图 13-12　最终结果

任务 2　检测缺失芯片的距离

【任务要求】

检测图 13-13 所示的承载芯片的盘座图像的中心到缺失芯片槽的最短距离。

图 13-13　承载芯片的盘座图像

【任务解决思路】

检测缺失芯片的距离思维导图如图 13-14 所示。

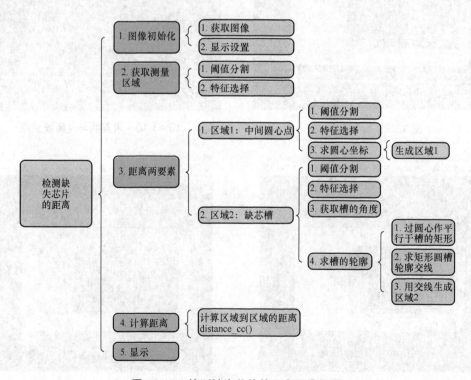

图 13-14　检测缺失芯片的距离思维导图

【知识要点】

Halcon 软件中计算距离有许多算子，常用的有：

1）计算两个轮廓之间最小和最大的距离，格式如下：

distance_cc(ObjectSelected,ObjectSelected1,'point_to_point',DistanceMin,DistanceMax)

2）计算两点的距离，格式如下：

distance_pp(Row,Column,Row1,Column1,Distance)

3）计算点到轮廓距离，格式如下：

distance_pc(Contour::Row,Column:DistanceMin,DistanceMax)

4）计算点到区域距离，格式如下：

distance_pr(Region::Row,Column:DistanceMin,DistanceMax)

5）计算区域到区域的最短距离，格式如下：

distance_rr_min(Regions1,Regions2:::MinDistance,Row1,Column1,Row2,Column2)

【任务实施】

(程序见:\随书代码\项目 13 利用 Halcon 软件进行视觉测量\13-2 检测圆心到芯片位置的距离.hdev)

1）图像进行初始化，程序如下：

检测缺失芯片的距离

```
1. *读取图像
2. read_image(Image,'芯片盘')
3. *获取图像尺寸
4. get_image_size(Image,Width,Height)
5. *彩色图像转为灰度图像
6. rgb1_to_gray(Image,GrayImage)
7. *关闭窗口
8. dev_close_window()
9. *新建一个窗口
10. dev_open_window(0,0,Width/5,Height/5,'black',WindowHandle)
11. *显示图像，如图 13-15 所示
12. dev_display(Image)
```

图 13-15 读取图像

2）定位零件，程序如下：

```
13. *二值化阈值分割
14. binary_threshold(Image,Region,'max_separability','light',Used-
    Threshold)
15. *闭运算
16. closing_circle(Region,RegionClosing,25)
17. *填充
18. fill_up(RegionClosing,RegionFillUp1)
19. *阈值分割
20. connection(RegionFillUp1,ConnectedRegions)
21. *选择中间的圆
22. select_shape(ConnectedRegions,SelectedRegions,'area','and',691667,
    995370)
23. *形状转变,转换为内接圆
24. shape_trans(SelectedRegions,RegionTrans,'inner_circle')
25. *裁剪,如图 13-16 所示
26. reduce_domain(Image,RegionTrans,ImageReduced)
```

图 13-16　裁剪

3）选择缺少芯片的槽，程序如下：

```
27. *均值滤波
28. mean_image(ImageReduced,ImageMean,9,9)
29. *阈值分割
30. threshold(ImageMean,Region2,0,100)
31. *连通域处理
32. connection(Region2,ConnectedRegions2)
33. *选择上面缺少芯片的槽,如图 13-17 所示
34. select_shape(ConnectedRegions2,SelectedRegions2,'area','and',11388.9,
    43240.7)
35. *开运算，去除飞边
36. opening_rectangle1(SelectedRegions2,RegionOpening,25,25)
37. *打断操作
38. connection(RegionOpening,ConnectedRegions3)
39. *选择槽区域
40. select_shape(ConnectedRegions3,SelectedRegions3,'area','and',7203.7,
    20000)
41. *求最小外接矩形，以便获取槽的角度
42. smallest_rectangle2(SelectedRegions3,Row1,Column1,Phi,Length1,Leng-
    th2)
43. *绘制最小外接矩形
44. gen_rectangle2(Rectangle,Row1,Column1,Phi,Length1,Length2)
45. *求槽的边界轮廓，如图 13-18 所示
46. boundary(SelectedRegions2,RegionBorder,'inner')
```

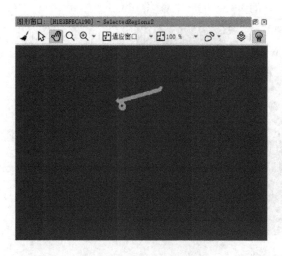

图 13-17　选择缺芯的槽　　　　　　　　图 13-18　求槽的边界轮廓

4）求中心坐标，程序如下：

```
47. *二值化阈值分割
48. binary_threshold(ImageReduced,Region1,'max_separability','dark',
    UsedThreshold1)
49. *填充
50. fill_up(Region1,RegionFillUp2)
51. *连通域处理
52. connection(RegionFillUp2,ConnectedRegions1)
53. *选择中间的圆
54. select_shape(ConnectedRegions1,SelectedRegions1,['area','circularity'],
    'and',[45092.6,0.725],[100000,1])
55. *求圆心和半径
56. smallest_circle(SelectedRegions1,Row,Column,Radius)
57. *创建一个点区域Region3（Row,Column），以便后面测量点到线的距离
58. gen_region_points(Region3,Row,Column)
59. *在圆心绘制十字线，如图13-19所示
60. gen_cross_contour_xld(Cross,Row,Column,100,0)
```

图 13-19　绘制圆心十字线

5) 求槽的轮廓线，程序如下：

```
61. *绘制一条边与槽平行的矩形，与槽的轮廓相交，如图 13-20 所示
62. gen_rectangle2(Rectangle1,Row,Column,Phi,Radius/2,Length2*1000)
63. *求矩形与槽轮廓线的交点，得到两条交线如图 13-21 所示
64. intersection(Rectangle1,RegionBorder,RegionIntersection)
65. *计算出区域到区域的最短距离
66. distance_rr_min(RegionIntersection,Region3,MinDistance,Row1,
    Column1,Row2,Column2)
67. *绘制圆心到槽的最短距离，如图 13-22 所示
68. gen_region_line(RegionLines,Row1,Column1,Row2,Column2)
69. *显示原图像
70. dev_display(Image)
71. *显示圆心到槽的最短直线
72. dev_display(RegionLines)
73. *显示圆心十字线
74. dev_display(Cross)
75. *显示槽
76. dev_display(RegionBorder)
77. *设定显示格式，保留两位有效数字
78. tuple_string(MinDistance,'.2f',String)
79. *显示像素距离，检测结果如图 13-23 所示
80. disp_message(WindowHandle,String+'pix','Image',Row1,Column1,'black',
    'true')
```

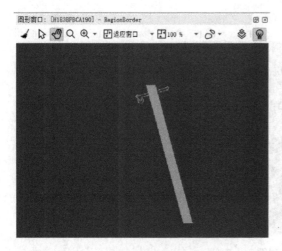

图 13-20　绘制槽轮廓线的垂直矩形

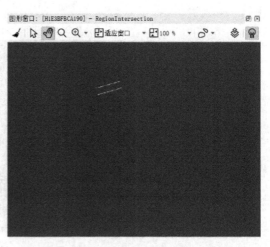

图 13-21　求矩形与槽轮廓线的交线

图 13-22　绘制圆心到槽的最短距离

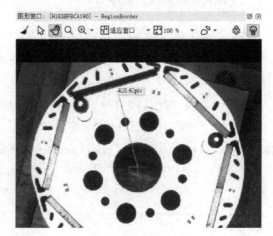

图 13-23　检测结果

参 考 文 献

[1] 杨青. 机器视觉算法原理与编程实战 [M]. 北京：北京大学出版社，2019.
[2] 肖苏华. 机器视觉技术基础 [M]. 北京：化学工业出版社，2021.
[3] 刘国华. HALCON 数字图像处理 [M]. 西安：西安电子科技大学出版社，2018.